Konrad Lorenz
Der Abbau des Menschlichen

W0465223

Serie Piper
Band 489

Zu diesem Buch

Mit »Der Abbau des Menschlichen« zieht Konrad Lorenz die praktischen Konsequenzen aus Überlegungen, die er in seiner großangelegten Naturgeschichte menschlichen Erkennens (»Die Rückseite des Spiegels«) und in »Die acht Todsünden der zivilisierten Menschheit« zusammengefaßt hat. Lorenz kann nicht umhin, mit schmerzhaftem Nachdruck zu betonen, daß von der Einsicht in die Wirkungszusammenhänge der Natur die Zukunft der Menschheit abhängen wird. Aus dieser naturwissenschaftlich begründeten Einsicht entspringt seine tiefe Sorge nicht nur um die weitere Existenz des Menschen als Spezies, sondern ganz besonders um die Erhaltung jener Eigenschaften und Leistungen, die wesentlich für das sind, was wir alle als menschlich empfinden.

Mit seinem warnenden Appell steht Konrad Lorenz heute nicht mehr allein da. Als Biologe und Arzt kann er sich allerdings nicht damit zufriedengeben, nur den Finger auf die Wunde zu legen. Er fragt vielmehr eindringlich nach den Ursachen des Verfalls und den pathologischen Erscheinungen unserer Zivilisation und Kultur und weist den Weg zu »therapeutischen« Gegenmaßnahmen. Diese Therapie will Lorenz vor allem der Jugend angedeihen lassen, wobei er Heilungsmöglichkeiten z. B. in der Wiederbelebung und Förderung nichtrationaler, emotionaler Leistungen der Gestaltwahrnehmung sieht, die in unserem szientistischen, technokratischen Zeitalter zu verkümmern drohen.

Konrad Lorenz, geboren am 7. November 1903 in Wien, Professor Dr. med. Dr. phil.; Studium der Medizin und Zoologie, 1940 o. Professor für vergleichende Psychologie in Königsberg. 1950 bis 1973 Direktor am Max-Planck-Institut für Verhaltensphysiologie in Buldern und später Seewiesen. Jetzt Leiter des »Konrad-Lorenz-Instituts« der Österreichischen Akademie der Wissenschaften. 1973 Nobelpreis für Medizin und Physiologie. Zahlreiche deutsche und ausländische Ehrungen und Auszeichnungen.

Veröffentlichungen im Piper Verlag u. a.: Die acht Todsünden der zivilisierten Menschheit, [17]1984 (SP 50); Die Rückseite des Spiegels. Versuch einer Naturgeschichte menschlichen Erkennens, [4]1983; Das Wirkungsgefüge der Natur und das Schicksal des Menschen. Gesammelte Arbeiten, hrsg. und eingel. von I. Eibl-Eibesfeldt, [4]1983 (SP 309); Das Jahr der Graugans, [2]1985; (mit Franz Kreuzer) Leben ist Lernen. Von Immanuel Kant zu Konrad Lorenz, [3]1984 (SP 223); Das sogenannte Böse. Zur Naturgeschichte der Aggression, 1984; Er redete mit dem Vieh, den Vögeln und den Fischen, 1985.

Konrad Lorenz

DER ABBAU DES MENSCHLICHEN

Piper
München Zürich

Von Konrad Lorenz liegen in der Serie Piper außerdem vor:

Die acht Todsünden der zivilisierten Menschheit (50)
Leben ist Lernen (mit Franz Kreuzer) (223)
Das Wirkungsgefüge der Natur und das Schicksal des Menschen (309)
Die Zukunft ist offen (mit Karl R. Popper) (340)
Über tierisches und menschliches Verhalten I (360)
Über tierisches und menschliches Verhalten II (361)

ISBN 3-492-00789-9
Neuausgabe 1986
4. Auflage, 107.–126. Tausend April 1986
(1. Auflage, 1.–20. Tausend dieser Ausgabe)
© R. Piper GmbH & Co. KG, München 1983, 1986
Umschlag: Federico Luci,
unter Verwendung eines Fotos
von B. Lötsch
Satz: Ueberreuter, Wien
Druck und Bindung: Clausen & Bosse, Leck
Printed in Germany

Inhalt

Ein ganz kurzes Vorwort

Zur Zeit sind die Zukunftsaussichten der Menschheit außerordentlich trübe. Sehr wahrscheinlich wird sie durch Kernwaffen schnell, aber durchaus nicht schmerzlos Selbstmord begehen. Auch wenn das nicht geschieht, droht ihr ein langsamer Tod durch die Vergiftung und sonstige Vernichtung der Umwelt, in der und von der sie lebt. Selbst wenn sie ihrem blinden und unglaublich dummen Tun rechtzeitig Einhalt gebieten sollte, droht ihr ein allmählicher Abbau aller jener Eigenschaften und Leistungen, die ihr Menschentum ausmachen. Viele Denker haben dies gesehen, und viele Bücher enthalten die Erkenntnis, daß Umweltvernichtung und »Dekadenz« der Kultur Hand in Hand gehen. Nur wenige aber betrachten den Abbau des Menschlichen als eine *Krankheit,* nur wenige suchen, wie Aldous Huxley das tat, nach Krankheitsursachen und möglichen Gegenmaßnahmen. Das vorliegende Buch soll dieser Suche dienen.

Eine ganz kurze Zusammenfassung

Erster Teil: Viele Menschen glauben, daß der Verlauf des Weltgeschehens vorherbestimmt und zweckgerichtet sei. In Wirklichkeit vollzieht sich das Werden der organischen Schöpfung auf unvorhersagbaren Wegen. Auf diese Erkenntnis gründet sich sowohl unser Glaube an die Möglichkeit wahrhaft schöpferischen Geschehens wie auch an die Freiheit und vor allem an die *Verantwortlichkeit* des Menschen. Deshalb setzt sich der erste Teil des Buches die Aufgabe, die Annahme eines vorherbestimmten Weltgeschehens zu widerlegen, das im Grunde keine Schöpfungsgeschichte wäre.

Zweiter Teil: Da alle moralische Verantwortlichkeit des Menschen von seinen Wertempfindungen bestimmt wird, muß dem epidemischen Irrglauben entgegengetreten werden, daß nur dem Zähl- und Meßbaren Wirklichkeit zukomme. Es muß überzeugend klargemacht werden, daß unsere subjektiven Erlebnisvorgänge den gleichen Grad von Realität besitzen wie alles, was in der

Terminologie der exakten Naturwissenschaften ausgedrückt werden kann.

Dritter Teil: Begriffliches Denken und Wortsprache haben ein Wachstum des menschlichen Wissens, Könnens und Wollens, mit anderen Worten, des menschlichen *Geistes* bewirkt, dessen exponentiell zunehmende Geschwindigkeit den Geist tatsächlich zum »Widersacher der Seele« werden läßt. Der menschliche Geist schafft Verhältnisse, denen die natürliche Veranlagung des Menschen nicht mehr gewachsen ist. Sowohl kulturelle wie »instinktive«, genetisch programmierte Verhaltensnormen, die in historisch jüngster Vergangenheit noch Tugenden waren, bringen unter diesen Umständen Verderben.

Vierter Teil: Er handelt von der Lage, in die wir durch die im dritten Teil besprochenen Vorgänge geraten sind. Sie ist bedrohlich, gibt aber noch Raum für Hoffnung, trotz mancher nicht reversibler Teufelskreise der technischen und wirtschaftlichen Entwicklung. Der Technologie entstammende Denkgewohnheiten haben sich zu Doktrinen eines technokratischen Systems verfestigt, das durch Selbstimmunisierung geschützt ist. Die Technokratie hat eine Überorganisation zur Folge, deren entmündigende Wirkung mit der Zahl der zu organisierenden Menschen wächst. Auch auf kulturellem Gebiet fehlt die Vielfalt der Wechselwirkung, die Voraussetzung jeder schöpferischen Entwicklung ist. In besonders kritischer Lage ist die heutige Jugend. Um die drohende Apokalypse zu verhindern, muß gerade in den jungen Menschen die Wertempfindung für das Schöne und das Gute neu erweckt werden, die von Szientismus und technomorphem Denken unterdrückt wird. Die Erziehungsmaßnahmen beginnen damit, die Gestaltwahrnehmung zu üben, welche allein die Empfindung für Harmonien vermitteln kann. Wenn sie richtig funktionieren soll, bedarf sie, wie jeder Verrechnungsapparat, der Einspeisung einer sehr großen Zahl von Daten. Möglichst enger Kontakt mit der lebendigen Natur in möglichst frühem Alter ist ein vielversprechender Weg, dies zu erreichen.

Erster Teil

Freiheitsgrade der Evolution

1. Kapitel

Der Glaube an eine zweckgerichtete Weltordnung

Seine demoralisierenden Folgen

Teilhard de Chardin hat den bedeutsamen Schritt getan, die Schöpfung mit der Evolution gleichzusetzen. Seine Erkenntnis, daß mit jedem Evolutionsschritt ein *Wertzuwachs* verbunden sei, ist ebenso grundlegend für unsere Weltanschauung wie für die seine. Er glaubt jedoch, daß der Weg der Evolution vom Nichtlebendigen zum Lebendigen, vom Niedrigeren zum Höheren grundsätzlich vorherbestimmt, *prädeterminiert* sei – wie Oswald Spengler an einen unausweichlichen Untergang unserer Kultur geglaubt hat.

Diese gegensätzlichen Anschauungen haben für das menschliche Verhalten die gleichen Folgen: Beide erlauben es dem Menschen, sich von der Verantwortung für das Weltgeschehen entlastet zu fühlen. Die Faktoren der organischen Entwicklung, vor allem Erbänderung (Mutation) und Auswahl (Selektion), haben den menschlichen Geist erschaffen wie alle anderen Lebenserscheinungen auch. Der menschliche Geist aber hat

Mittel und Wege gefunden, um den wichtigsten der Faktoren auszuschalten, die ihn schufen: die grausam bewahrende Selektion. Die Evolution hat den Menschen auf die Füße gestellt, hat ihn in eine im tiefsten symbolischen Sinne instabile Lage gebracht und dann die Hände von ihm abgezogen. Die kreative Selektion, von der im vierten Teil des Buches die Rede sein wird, hat aufgehört, auf den Menschen zu wirken. An ihre Stelle ist die intraspezifische Selektion getreten, von der wir sehr genau wissen, auf welch bizarre Irrwege sie den Artenwandel führen kann.

Es ist in gewissem Sinne erlaubt zu sagen, daß die schöpferische Evolution im stammesgeschichtlichen Sinne auf unserer Erde aufgehört habe. Die kulturelle Entwicklung der Menschheit geht immer schneller vor sich und hat zur Zeit eine solche Geschwindigkeit erreicht, daß es kaum übertrieben ist zu behaupten, die Schnelligkeit der genetischen, stammesgeschichtlichen Evolution könne im Vergleich mit ihr vernachlässigt, ja mit Null gleichgesetzt werden. Die Veränderungen, die von der menschlichen Kulturentwicklung auf dem ganzen Planeten bewirkt werden, vollziehen sich jedenfalls in einem Tempo, das ein Mitgehen, ein »Nachziehen« der phylogenetischen Entwicklung völlig ausschließt. Der Mensch ist in höchstem Maße bedroht.

»Die ewig rege, die heilsam schaffende Gewalt«, wie Goethe sie nennt, kann heute ausschließlich durch die Wertempfindungen der Menschen wirksam werden. Die Entscheidung, ob die Evolution des organischen Lebens hier und jetzt »nach oben« oder »nach unten« geht, ist zur Verantwortung des Menschen geworden. Ohne Wertempfindung kann die Frage nach den Folgen unseres Handelns weder zu einem Gebot noch zu einem Verbot führen.

Niemand weiß, ob die weitere stammesgeschichtliche Entwicklung des Menschen überhaupt noch weiter aufwärts führen wird; ich glaube jedoch fest an diese Möglichkeit. Wenn die Kulturentwicklung, wiewohl sie um einige Zehnerpotenzen schneller verläuft als die stammesgeschichtliche, dennoch ähnlichen Gesetzen gehorcht, ist es sehr wahrscheinlich, daß sie imstande ist, die Richtung der Phylogenese in ihrem Sinne, d. h. in die gleiche Richtung, zu lenken. Diese Richtung scheint bei unserer gegenwärtigen technokratischen Weltordnung unzweifelhaft abwärts zu führen. Wenn dem so ist, ist unser Menschsein in Gefahr.

Der Irrglaube an den sogenannten Fortschritt

Obwohl sich heute schon viele Menschen der Gefahren bewußt sind, die durch die technologische Entwicklung der Menschheit heraufbeschworen werden, gibt es doch auch unzählige »technomorph« denkende Menschen, die fest davon überzeugt sind, daß jede Entwicklung notwendigerweise neue Werte hervorbringt. Auch wenn man Entwicklung durchaus im Sinne der

Goetheschen Definition als Differenzierung und Subordination der Teile begreift, ist diese Anschauung falsch, und zwar in bezug auf mögliche kulturelle Entwicklungen noch mehr als in bezug auf stammesgeschichtliche.

Die Entstehung von Werten hat zwar Entwicklung zur Voraussetzung, ist aber nicht notwendigerweise deren Folge. In einer technokratischen Weltordnung ist der Vorgang einer Entwicklung im unglücklich verengten Sinne zum Inbegriff der Wertschaffung geworden.

Das läßt sich besonders schön daran illustrieren, was man auf Amerikanisch darunter versteht, ein Landstück zu entwickeln: »To develop an area« heißt, auf dem betreffenden Stück Land alle natürliche Vegetation radikal zu vernichten, den frei werdenden Boden mit Beton oder bestenfalls mit Parkrasengras zu überziehen, ein etwa vorhandenes Stück Meeresstrand durch eine Betonmauer zu befestigen, Bachläufe zu begradigen oder, wenn möglich, in Röhren zu fassen, das Ganze gründlich mit Pestiziden zu vergiften und dann an einen gehorsam verstädterten und verdummten Konsumenten möglichst teuer zu verkaufen. Darüber hinaus wird im technomorphen Denken auf beinahe zwangsneurotische Weise das bloße Bestehen der Möglichkeit, einen bestimmten Vorgang technisch zu realisieren, mit der Verpflichtung verwechselt, dies tatsächlich zu tun. Es ist geradezu zu einem Gebot der technokratischen Religion geworden: Alles, was irgend machbar ist, *muß* gemacht werden.

Gewiß, ich übertreibe. Dennoch frönt auch heute noch die große Mehrzahl der Menschen dem Glauben, daß das Fortschreiten unserer Zivilisation zwangsläufig in einer prädestinierten Weise zum Anwachsen von Werten führen müsse.

Die Ablehnung einer nicht-zweckgerichteten Weltordnung

Vielen Menschen erscheint es undenkbar, daß es im Universum Vorgänge gibt, die nicht nach bestimmten Zwecken ausgerichtet sind. Weil wir bei uns selbst sinnloses Handeln für einen Unwert erachten, stört es uns, daß es ein Geschehen gibt, das jeden Sinnes entbehrt. Goethe läßt Faust beim Anblick brandender Meereswellen sagen: »Was zur Verzweiflung mich beängstigen könnte, zwecklose Kraft unbändiger Elemente.« Vor allem aber kränkt es den Menschen in seinem Selbstgefühl, daß er mit allen seinen Belangen dem kosmischen Geschehen so absolut gleichgültig ist. Weil er merkt, daß im Weltgeschehen das Sinnlose überwiegt, befürchtet er, das Unsinnige müsse schon rein mengenmäßig über die menschlichen Bestrebungen der Sinngebung triumphieren. Aus dieser Furcht entspringt der Denkzwang, in allem, was geschieht, einen verborgenen Sinn zu vermuten. »Der Mensch will«, wie Nicolai Hartmann sagt, »der Härte des Realen als des gegen ihn absolut Gleichgültigen nicht ins Gesicht sehen. Er meint gleich, das Leben lohne sich sonst nicht.« An anderer Stelle sagt der Philosoph: »Himmelfern liegt es ihm, auch nur zu ahnen, daß Sinngebung ein Vorrecht des Menschen sein könnte und daß vielleicht gerade er in seiner Ahnungslosigkeit sich selbst um dieses Vorrecht bringt.«

Paradoxerweise ist die Abneigung gegen ein nicht zweckgerichtetes, nicht final determiniertes Weltgeschehen auch von der Furcht motiviert, der freie Wille des Menschen könne sich als eine Illusion erweisen, was nicht nur erkenntnistheoretisch unsinnig, sondern auch, was eine zweckgerichtete Weltordnung betrifft, völlig verkehrt ist: »Die widerspruchslos hingenommene Vorstellung von einer von vornherein durchgehend final determinierten Welt schließt ja zwingend jegliche Freiheit des Menschen aus« und beschränkt ihn auf das Verhalten eines Schienenfahrzeuges, das sein Ziel zwangsläufig erreicht. Diese Vorstellung bedeutet die absolute Verneinung des Menschen als eines verantwortlichen Wesens.

Die drei Arten zweckgerichteten Geschehens

Final determinierte Vorgänge gibt es im Kosmos ausschließlich im Bereich des Organischen. Eine im Sinne von Nicolai Hartmann kategoriale Analyse des Finalnexus läßt sich nur vom Wirkungsgefüge einer ganz bestimmten Ereigniskette geben. Für sie sind drei Akte charakteristisch, die man allerdings nicht voneinander trennen und unabhängig betrachten kann, da sie eine funktionelle Einheit bilden: erstens die Setzung eines Zweckes mit Überspringen des Zeitflusses als eine Antizipation von etwas Künftigem; zweitens eine von diesem gesetzten Zweck her erfolgende Auswahl der Mittel, die also gewissermaßen rückbezüglich determiniert werden; drittens die Realisation des Zweckes durch die kausale Aufeinanderfolge der ausgewählten Mittel.

Immer muß, wie Nicolai Hartmann mit stärkster Betonung sagt, ein »Träger« der Akte, ein »Setzer« des Zweckes und ein »Wähler« der Mittel vorhanden sein. Hinzu kommt, daß der »dritte Akt«, die Verwirklichung des Zweckes, meist noch »überwacht« werden muß, denn in der Auswahl der Mittel können Irrtümer unterlaufen sein; in diesem Fall tritt an irgendeinem Punkt in der Reihe eine Abweichung von der vorgezeichneten Linie auf, die durch neue Mittel ausgeglichen werden muß.

Nicolai Hartmann ist der Ansicht, daß der Träger der Akte und Setzer der Zwecke immer nur ein Bewußtsein sein könne, denn, so sagt er, »nur ein Bewußtsein hat Beweglichkeit in der Anschauungszeit, kann den Zeitlauf überspringen, kann vorsetzen, vorwegnehmen, Mittel seligieren und rückläufig gegen die übersprungene Zeitfolge bis auf das ›Erste‹ zurückverfolgen.« Seit Nicolai Hartmann diese Sätze geschrieben hat, haben die Biochemie, die Erforschung der Morphogenese und die Ethologie Vorgänge aufgedeckt, die sicher nicht bewußtseinsbegleitet sind, die aber die geforderten drei Akte in ihrem typischen Wirkungsgefüge enthalten. Die Art und Weise, auf die der im Genom vorgegebene Bauplan die Erzeugung eines neuen Organismus vorwegnimmt, entspricht durchaus dem ersten Akt der Zielsetzung, und das Erreichen des Zieles, bei dem in höchst regulativer Weise je nach Angebot des Milieus sehr verschiedene Mittel und Wege zur endgültigen Verwirklichung des Bauplanes führen, entspricht zweifellos genau dem von Hartmann postulierten Gefüge dreier Akte, wenn auch sicher auf einer kategorial niedrigeren Ebene als der des bewußten menschlichen Zweckverhaltens. Zwischen diesen beiden Ebenen führt die stufenlose Reihe zweckgerichteten Verhaltens von Tieren und Menschen vom ungerichteten Suchen zum komplexen methodischen Vorgehen des Menschen.

Die Tatsache, daß sich in der physiologischen Ontogenese eines Lebewesens ein echtes Finalgeschehen – die Verwirklichung eines vorgegebenen Planes – vollzieht, verführt allzu leicht zu der Meinung, daß Gleiches für die stammesgeschichtliche Entwicklung der Lebewesen gelte. Schon das Wort Entwicklung oder Evolution legt diese Vorstellung nahe. Uns allen sind wunderschöne schematische Darstellungen vom Stammbaum der Lebewesen bekannt, der bei Einzellern beginnt, in unzähligen Verzweigungen über niedrige zu höheren Organismen emporzustreben scheint und schließlich im Menschen als Zweck und Krönung endet. Und damit finis! Dabei wird über die Phylogenese, die sich allerdings tatsächlich auf diesen Bahnen vollzogen hat, post festum ein Richtungspfeil angebracht, der den Menschen als von Anfang an vorherbestimmtes Ziel des Weltgeschehens erscheinen läßt – und das hören die Menschen nur allzu gerne.

Der Versuch, Sinn und Richtung in das evolutive Geschehen hineinzuinterpretieren, ist genauso verfehlt wie die Bestrebungen so vieler durchaus wissenschaftlich denkender Leute, aus geschichtlichen Ereignissen Gesetzlichkeiten zu abstrahieren, die es erlauben, den weiteren Verlauf der Geschichte vorauszusagen, etwa in dem Sinne, wie die Kenntnis gewisser Gesetze der Physik eine Voraussage physikalischer Geschehnisse ermöglicht. Die Meinung, daß theoretische Geschichtswissenschaft in gleichem Sinne möglich sein müsse wie theoretische Physik, ist immer noch nicht ganz ausgestorben. Karl Popper hat diese Ansicht als Aberglauben entlarvt: Ohne Zweifel beeinflußt menschliches Wissen den Gang der Menschheitsgeschichte, und da gerade der Zuwachs an Wissen völlig unvoraussagbar ist, ist es auch der zukünftige Verlauf der Geschichte. Wie Karl Popper in seinem Buch »The Poverty of Historicism« unwiderleglich zeigt, kann kein zu Voraussagen befähigter kognitiver Apparat – Menschenhirn oder Rechenmaschine – je seine eigenen Ergebnisse voraussagen. Alle dahingehenden Versuche liefern ein Ergebnis immer nur nach dem Ereignis und verlieren damit den Charakter der Voraussage. »Weil dieses Argument rein logisch ist«, sagt Karl Popper, »ist es auch auf alle wissenschaftlichen ›Voraussager‹ von beliebiger Komplikation anwendbar, einschließlich von ›Sozietäten‹ miteinander in Wechselwirkung stehender ›Voraussager‹.« (»This argument, being purely logical, applies to scientific predictors of any complexity, including ›societies‹ of interacting predictors.«)

All dies gilt für den Verlauf der Phylogenese ebenso wie für den der Menschheitsgeschichte. Auch die Stammesgeschichte wird entscheidend vom Erwerb von Information beeinflußt, der noch in einem anderen Sinne, als es menschlicher Wissensgewinn ist, unvoraussagbar ist. Die winzigste Erbänderung, die einen Gewinn an anpassender Information bedeutet, verändert den weiteren Verlauf der Phylogenese für alle Zukunft und auf irreversible Weise. Der Weg des Werdens der Organismenwelt seit Entstehung des Lebens *kann* also gar nicht schicksalhaft vorausbestimmt sein. Ben Akibas berühmter Aphorismus, alles sei schon dagewesen, ist das Gegenteil historischer Wahrheit: Nichts ist schon dagewesen.

2. Kapitel

Die Ungeplantheit der Stammesgeschichte

Der Begriff der Teleonomie

Wenn man als vergleichender Anatom oder auch als vergleichender Verhaltensforscher mit irgendeinem Abschnitt des organischen Werdens vertraut geworden ist, gerät man nicht selten in einen merkwürdigen Konflikt. Man ist hin- und hergerissen zwischen dem bewundernden Erstaunen über die geradezu genialen Konstruktionen der Evolution und der Enttäuschung über so manche für unser Hirn naheliegenden Problemlösungen, die das evolutive Werden *nicht* gefunden hat: wieviel eindeutig Unzweckmäßiges wird von Generation zu Generation mitgeschleppt! Viele Wissenschaftler neigen dazu, den Grad der Zweckmäßigkeit zu überschätzen, so z. B. Nicolai Hartmann, wenn er meint, Zweckmäßigkeit sei a priori einsichtig und habe daher den Charakter einer Kategorie des Organischen. Er sagt: »Es leuchtet nämlich durchaus am Wesen der Sache ein, daß ein Organismus mit unzweckmäßigen Organen, Gliedern, Formen und Funktionen nicht lebensfähig sein kann.« Dieser Satz ist eindeutig überspitzt; ihm muß die von Oskar Heinroth immer wieder gepredigte Erkenntnis gegenübergestellt werden: »Es gibt im Organischen nicht nur das Zweckmäßige, sondern auch alles, was nicht *so* unzweckmäßig ist, daß es zur Ausmerzung der betreffenden Art führt.«

Der zitierte Satz von Nicolai Hartmann ist also selbst dann nicht ganz richtig, wenn man ihn wie der Philosoph »nur auf Wesentliches und Lebensrelevantes bezieht«. Die Irrtümer und Sackgassen, in die das evolutive Geschehen durch augenblickliche Vorteile gelockt werden konnte, sind alles andere als irrelevant für das weitere Werden der betreffenden Stammesreihe. Das wurde in den ersten Kapiteln meines Buches »Die Rückseite des Spiegels« ausführlich besprochen. Die »Zweckmäßigkeit« des Körperbaus wie des Verhaltens jedes Lebewesens richtet sich ausschließlich und nachweislich auf die Erzeugung möglichst reichlicher Nachkommenschaft, d. h. auf das *Überleben* der Art – auf nichts sonst. Die Frage, *wozu* die Katze spitze, krumme Krallen hat, und die Antwort »zum Mäusefangen«, sind Kurzschrift für die Frage, welche arterhaltenden Leistungen den Selektionsdruck ausgeübt haben, der den Katzen diese Art von Krallen angezüchtet hat. Wir bezeichnen diese Frage nach der arterhaltenden Zweckmäßigkeit als die teleonome Frage, im Gegensatz zu der nach dem Sinn des Daseins suchenden teleologischen.

Gustav Kramer hat in seiner Schrift »Das Unzweckmäßige in der Natur« viele Beispiele für dieses Phänomen gebracht, von denen hier nur eines angeführt sei: Im Verlauf des Übergangs zum Landleben wurde die Schwimmblase des Fisches zum Atemorgan. Beim Fisch, ja, schon bei den kieferlosen Cyclostomen (z. B. Neunaugen), sind im Kreislauf Herz und Kiemen hintereinander geschaltet, d. h., das ganze vom Herzen gepumpte Blut muß zwangsläufig das Atemorgan passieren, das aus dem Atemkreislauf kommende sauerstoffreiche Blut wird unvermischt in den Körperkreislauf geleitet. Da die Schwimmblase ein vom Körperkreislauf versorgtes Organ ist, läuft zunächst, auch nachdem sie zur Lunge, d. h. zum alleinigen Atemorgan des Tieres, geworden ist, das aus ihr kommende Blut in den Körperkreislauf zurück, der daher gemischtes, teils sauerstoffarmes aus dem Körper kommendes, teils sauerstoffreiches, aus der Lunge kommendes Blut führt. Diese technisch höchst unbefriedigende Lösung wurde von allen Lurchen und beinahe allen Reptilien beibehalten. Alle diese Tiere sind, was selten zusammenfassend betont wird, in höchstem Grade ermüdbar. Ein Frosch, der nach einer Anzahl von Sprüngen nicht irgendeine Deckung erreicht hat, kann leicht gegriffen werden; dasselbe gilt auch von den gewandtesten und schnellsten Echsen. Kein Lurch und kein Reptil ist andauernder Muskelarbeit fähig, wie sie Haie, Knochenfische oder Vögel zu leisten vermögen.

Unter den Reptilien haben nur die Krokodile eine vollständige Scheidewand, die das rechte Herz vom linken Herzen und damit den Lungenkreislauf vom Körperkreislauf trennt. Sie sind jedoch Abkömmlinge eines wahrscheinlich auf zwei Beinen gehenden und recht bewegungsfähigen Reptilienstammes, der den Ahnenformen der Vögel in mancher Beziehung nahesteht. Außer bei Krokodilen sind Atemkreislauf und Körperkreislauf nur bei Vögeln und Säugetieren völlig getrennt und werden nacheinander vom Blut durchlaufen: Die Lungenvenen führen frisch durchlüftetes, rein arterielles Blut, das in das linke Herz fließt und von da in den Körperkreislauf gepumpt wird, während das rechte Herz rein venöses Blut aus dem Körperkreislauf erhält und in die Lunge pumpt. Es hat also von der Entstehung der ersten Landwirbeltiere bis zu der der höchsten Reptilien und der Vögel gedauert, bis die »provisorische Konstruktion«, den Lungenkreislauf »im Nebenschluß« zum Körperkreislauf zirkulieren zu lassen, einer Lösung wich, die den Wirkungsgrad des Zirkulationssystems der Fische wieder erreichte, das zusammen mit der Kiemenatmung aufgegeben wurde.

Die Frage, ob eine genetisch programmierte Struktur oder Funktion »zweckmäßig« sei, kann selbstverständlich immer nur in bezug auf ganz bestimmte Umweltbedingungen gestellt werden. Geringe Veränderungen des Lebensraumes können Einrichtungen unzweckmäßig werden lassen, die eben noch von größtem Arterhaltungswert gewesen waren. Aber auch die primär vom Organismus selbst bewirkten Veränderungen, beispielsweise die Eroberung einer neuen ökologischen Nische, können viele strukturelle und funktionelle Eigenschaften, die bis dahin arterhaltend wirkten, indifferent oder schädlich werden lassen. Zum Glück für den Stammesgeschichtsforscher wird die »Anpassung von gestern« mit großer Konservativität lange mitgeschleift. Das »Gerümpel« nicht mehr gebrauchter Strukturen wird dann oft in einer Weise benutzt, die seinem ursprünglichen Zweck »entfremdet« ist, was man als »Funktionswechsel« zu bezeichnen pflegt.

Die Ausnutzung von Möglichkeiten, die durch brachliegende »Strukturen von gestern« geboten werden, erscheint oft geradezu genial. Ein schönes Beispiel ist der »Umbau« der ersten Kiemenspalte primitiver Fische zum äußeren Gehörgang von Fröschen, Reptilien, Vögeln und Säugetieren. Als unsere Vorfahren vom Wasserleben zum Landleben, von der Kiemenatmung zur Lungenatmung übergingen, wurden die Kiemenspalten funktionslos, durch die bisher Atemwasser geströmt war. Der Skelettapparat, der die Kiemenbögen stützte, fand zum Teil im Zungenbein und im Kehlkopf Verwendung, die Spalten aber wurden geschlossen und verschwanden – bis auf eine: Die vorderste Kiemenspalte, das sogenannte Spritzloch, das bei den Rochen und bei vielen Haien als Einatmungsöffnung funktioniert, führte nahe am Labyrinth vorbei, am Organ der Schwere- und Beschleunigungswahrnehmung. Im buchstäblichen Sinn »lag es nahe«, den früher wasserführenden Kanal mit diesem ohnehin erschütterungsempfindlichen Apparat in Verbindung zu bringen und ihn, nunmehr mit Luft gefüllt, als ein Schallwellen leitendes »Hörrohr« zu verwenden.

Ein zweites, noch erstaunlicheres Beispiel von Funktionswechsel hängt ebenfalls mit der Entstehung des Ohres zusammen. Das Kiefergelenk der Fische, Lurche, Vögel und Reptilien wird aus zwei Knochen gebildet: erstens aus dem mit dem Schädelskelett ziemlich fest verbundenen Os quadratum und zweitens aus dem den hintersten Teil des Unterkiefers bildenden Os articulare. Als aus Reptilien Säuger wurden, löste sich das Articulare vom Kiefer und das Quadratum aus seiner festen Verbindung mit der Schädelbasis. Das erste trat mit dem Trommelfell, das zweite mit dem inneren Ohr in Verbindung, und beide wurden zu Schallwellen übertragenden Organen, den sogenannten Gehörknöchelchen. Gleichzeitig bildete sich weiter vorne ein neues Kiefergelenk aus. In dieser Gleichzeitigkeit liegt ein schwieriges mechanisches Problem, da zwei an denselben Skelettelementen hintereinanderliegende Gelenke einander blockieren müssen.

Der Funktionswechsel verschleiert ein wenig die Häufigkeit, mit der Organe ihre ursprüngliche Zweckmäßigkeit verlieren, weil eine nicht mehr in ihrer ursprünglichen Funktion gebrauchte Struktur fast immer zu irgendeinem anderen Zwecke verwendet werden kann, etwa so, wie man aus einem alten Kleidungsstück einen Putzlappen macht. Selbst der Blinddarmfortsatz des Menschen dient als Basis für Lymphgewebe (abgesehen davon, daß er, wie mein Vater zu sagen pflegte, in »fremddienlicher Zweckmäßigkeit« zur Ernährung der Chirurgen beiträgt). Was alles aus einem nicht mehr gebrauchten Organ entstehen kann, ist schier unglaublich. Aus einer Kiemenspalte wird ein Ohr, aus einem Kiefergelenk werden Gehörknöchelchen, aus dem Scheitelauge alter Vertebraten ist unsere Zirbeldrüse, ein Organ innerer Sekretion, geworden und aus dem Endostyl, einem mit Flimmerhärchen bekleideten Filterapparat der allerersten Wirbeltiere, die Schilddrüse, um nur einige Beispiele zu nennen. Manchmal hat man geradezu den anthropomorphen Eindruck, als würde dem funktionslos gewordenen Organ wie einem unbrauchbar gewordenen Beamten als »Gnadenbrot« irgendeine Funktion zugewiesen, die, vom ganzen Organismus her gesehen, eigentlich entbehrt werden könnte. In Wirklichkeit ist es natürlich so, daß das Vorhandensein ungebrauchten Gewebes, ja, schon das des Raumes, den das zwecklos gewordene Organ einnahm, einen Selektionsvorteil bietet, der die Phylogenese dazu »verführt«, diese »billige Gelegenheit« einem anderen Zwecke nutzbar zu machen, zu dem man bei besserer Voraussicht ein von Grund auf neu geschaffenes Organ verwenden würde. Vorausschauen aber kann die Phylogenese nicht; auch kann der Organismus seine Lebensfunktionen nicht für die Zeit unterbrechen, die zur Umkonstruktion nötig wäre, und ein Schild aufstellen: »Wegen Umbau geschlossen«.

Diese für die gesamte Stammesgeschichte kennzeichnenden Vorgänge bringen es mit sich, daß ein Organismus niemals einem Gebäude gleicht, das von einem menschlichen Intellekt vorausschauend geplant wurde und in dem von vornherein alle nötigen Teile zweckmäßig entworfen wurden. Er gleicht vielmehr dem Haus eines Siedlers, der sich, um überhaupt einen Unterschlupf zu haben, zuerst eine einfache Blockhütte baute, dann aber, dem Anwachsen seiner Familie und seines Wohlstandes entsprechend, ein größeres Haus errichtete, die alte Hütte aber keineswegs abriß, sondern als Lagerschuppen, Stall oder sonstwie verwendete. Der Stammesgeschichtler kann vorgehen wie ein Kunsthistoriker, der beim Studium einer alten Kathedrale die Etappen ihres Baus und ihre Geschichte analysiert. Aber der Kulturgeschichtler wird nur selten finden, daß die Zielsetzung des Bauens, während es im Gange war, so weitgehend verändert wird, wie dies der Stammesgeschichtler bei seinem vergleichbaren Forschen so oft feststellen muß.

Zickzackwege der Phylogenese

Es mag bei menschlichen Planvorhaben vorkommen, daß plötzlich eintretende unvorhergesehene Umstände dazu zwingen, die schon hergestellten Strukturen zu einem völlig anderen Zweck zu verwenden, als vorgesehen war. Man hat aus Schlössern Schulen oder Altersheime gemacht oder aus alten Schiffen Kasernen. In der Stammesgeschichte aber finden sich Kurswechsel, die eine unvergleichlich schärfere Abweichung von der vorherigen und schon durch lange Zeiträume verfolgten Anpassungsrichtung bedeuten. Solche Kurswechsel sind manchmal durch »Erfindungen« erklärbar, die in einem bestimmten Lebensraum gemacht wurden und die betreffenden Tiere befähigten, andere und neue ökologische Nischen zu besiedeln. Eine interessante »Erfindung« dieser Art ist die Schwimmblase der Fische. Ihre primäre Funktion war die eines Atemorgans, und sie entstand wahrscheinlich in sumpfigem Süßwasser von niedrigem und wechselndem Sauerstoffgehalt. Die Schwimmblase war die Voraussetzung für die Eroberung des trockenen Landes durch die Vorfahren von Lurchen und Reptilien, gleichzeitig aber eröffnete sie als ein hydrostatisches Organ die Möglichkeit, in Fische ein festes Knochenskelett einzubauen, dessen Gewicht ohne den Auftrieb der Luftblase im wahrsten Sinne des Wortes »untragbar« gewesen wäre. Um zu verstehen, warum Knochenfische und nicht Knorpelfische wie die Haie in gewaltiger Überzahl die Meere bevölkern, muß man selbst einen kleinen Hai und einen Knochenfisch von vergleichbarer Größe in Händen gehalten haben, um die Überlegenheit der Körperkräfte zu ermessen, die dem Knochenfisch aus der Hebelwirkung seiner festen Knochen erwächst.

Einen der merkwürdigsten und radikalsten Kurswechsel, den wir in der Geschichte höherer Tiere kennen, ist die Rückkehr von vierfüßigen und landlebenden Reptilien und Säugetieren ins Weltmeer. Ich denke hier nicht an die Entstehung von wasserbewohnenden Vierfüßlern, die, wie etwa Meeresschildkröten, Krokodile, Seehunde und Seelöwen, die allgemeine Form der Vierfüßler beibehalten haben, sondern an die Tiere, die in ihrer Körperform und in der Mechanik ihrer Fortbewegung wieder völlig fischartig geworden sind: die Ichthyosaurier unter den Reptilien und die Wale unter den Säugern. Schon das althergebrachte Wort Walfisch zeigt, daß man diese Tiere lange Zeit für Fische gehalten hat.

Man muß sich vergegenwärtigen, wie viele Schritte der Phylogenese getan werden mußten, um Wirbeltiere von Wasserbewohnern zu Landbewohnern werden zu lassen, wie weit der Weg vom Fisch zum Säugetier ist, um die ganze Erstaunlichkeit eines »Unternehmens« zu würdigen, das aus einem Säuger wieder einen »Fisch« macht. Verglichen mit menschlicher Zwecksetzung käme das dem Verfahren eines Technikers gleich, der ein Automobil zu bauen beginnt und, wenn der Wagen fast oder ganz fertig ist, ein Motorboot daraus macht.

Die Fischform und die fischähnliche Bewegungsweise waren für die Reptilien begreiflicherweise leichter zu erreichen als für die Säuger. Die meisten Reptilien hatten und haben auch heute noch eine lange, seitlich biegsame Wirbelsäule, die sich auch beim Laufen auf trockenem Lande noch merklich schlängelt, und alle diese Formen schwimmen, wenn man sie ins Wasser wirft, »wie die Fische«. Zur vollendeten Anpassung an diese Art der Fortbewegung war es nur nötig, vertikale Flächen, vor allem eine Flosse an den vortreibenden Teilen des Schwanzes, sowie eine reibungsmindernde Stromlinienform des Körpers herzustellen. Als viele Millionen Jahre früher die Fische eine Schwanzflosse »erfanden«, entwickelten die meisten von ihnen diese Flosse an der Bauchseite des Schwanzendes, das sich ein wenig nach oben abwinkelte. Die Morphogenese der Schwanzflosse aller Knochenfische und deren erwachsene Form bei Haien und Stören zeigen diese Konstruktion noch heute. Die Ichthyosaurier »wählten« das umgekehrte Verfahren, was bei Betrachtung der heute lebenden, ans Schwimmen angepaßten Reptilien begreiflich erscheint: Bei diesen wird die vertikale Ruderfläche des Schwanzes durch Hautkämme, hohe Schuppen und dergleichen nach oben hin verbreitert, während seine ventrale Fläche – die ja beim Kriechen auf dem Land meist am Boden schleift – flach bleibt. Wahrscheinlich war dies der Grund, warum den Ichthyosauriern die Schwanzflosse auf der Rückseite ihres Schwanzendes gewachsen ist.

Der Rückweg der Säugetiere zur Fischform war viel weiter: Ihre Wirbelsäule war kürzer geworden, ihr Schwanz hatte sich verdünnt und seine Muskulatur weitgehend eingebüßt. Bei der Lokomotion bewegt sich ihr Rumpf nicht mehr seitlich schlängelnd, als Rest dieser Bewegungsweise ist nur noch die Koordination der Beinbewegungen beim Schritt und beim Trab übriggeblieben: Das Hinterbein der einen Seite wird in beiden Gangarten gleichzeitig mit dem Vorderbein der anderen bewegt, wie sich dies aus der Rumpfschlängelung uralter Vorfahren ergeben hat. Wenn Säugetiere schwimmen – und das können fast alle –, »gehen« die meisten von ihnen auch im Wasser einen raschen Schritt, dessen Bewegungskoordination sich nicht merklich von der des Gehens auf festem Boden unterscheidet. Nur stark wasserangepaßte Formen wie Fischotter, Biber und Nutria paddeln bei lässigem Vorwärtsschwimmen nur mit den Hinterpfoten.

Die Säugetiere verfügen neben dem Schritt aber noch über eine andere Bewegungskoordination des Laufens: über den »Galopp«, der in verschiedenen Varianten, vom einfachen »Frontstützwechsel«, bei dem beide Vorder- und beide Hinterbeine gleichzeitig bewegt werden, bis zu der komplizierten Bewegung von Huftieren, fast immer der möglichst *schnellen* Ortsveränderung dient. »Langsam Galoppieren«, meist als »Hoppeln« bezeichnet, findet sich bei den Hasenartigen (Lagomorphae) und bei den Känguruhs. Schritt und Trab sind bei diesen Tieren verschwunden, Hasen benutzen die beidbeinige Sprungbewegung auch zum Schwimmen, so daß sie stoßweise durchs Wasser gleiten, Känguruhs hat anscheinend noch niemand schwimmen gesehen.

Je kürzer die Extremitäten eines Säugetieres sind, desto mehr tritt bei ihm das Traben vor dem Galoppieren zurück, bei desto geringeren Geschwindigkeiten »fällt es in Galopp«. Wie aus dem Bild des galoppierenden Hundes sehr schön hervorgeht, spielt bei dieser Gangart die Bewegung des Rumpfes, nämlich seine Krümmung und Streckung in der Mittelebene (Sagittalebene) des Tieres, eine große Rolle; der große Vorteil des Galoppierens liegt darin, daß die Rumpfmuskulatur, die bei Schritt und Trab kaum gebraucht wird, für die Lokomotion nutzbar gemacht wird.

Die Säugetier-Wirbelsäule ist – angepaßt an die verschiedenen Gangarten – in der lotrechten Ebene beweglicher, und die Muskulatur, die solche Bewegungen bewirkt, ist stärker ausgebildet als die zur seitlichen Bewegung. Wenn Säuger zu Wassertieren werden und aufs neue die zur Lokomotion in diesem Medium so dienliche Schlängelbewegung ausbilden, so liegt es näher, die Wellen in der Lotrechten verlaufen zu lassen als in der Waagrechten. Mit anderen Worten: Das »undulierende« Schwimmen von Wassersäugern ist wohl vom Galopp abgeleitet. Demgemäß entstehen auch die vortreibenden, dem Wasser Widerstand leistenden Flächen, die notwendigerweise rechtwinkelig zur Ebene der Bewegung stehen müssen, in der Waagrechten: Der verbreiterte Schwanz mancher Fischottern, der Ruderschwanz des Bibers und die Schwanzflosse der Wale sowie die der Seekühe bilden horizontale Flächen. Auch die Seelöwen, die sogenannten Ohrenrobben (Otariidae), »schwimmen im Galopp«, nicht aber die Seehunde (Phocidae): diese führen mit ihrem Hinterende und mit den Hinterbeinen seitlich schlängelnde Bewegungen aus; die Flächen ihrer vortreibenden Ruderfüße stehen lotrecht.

Es ist eine ganze Reihe von Säugetierstämmen ins Wasser gegangen. Die Marderähnlichen (Mustelidae) unter den Raubtieren (Carnivora) scheinen dazu besonders begabt, wegen der Kürze und Breite ihrer Beine und der Beweglichkeit ihres Rückgrats. So finden sich unter ihnen alle nur denkbaren Übergangsformen zwischen dem den Iltissen nahestehenden, gut tauchfähigen Nerz über Fischotter, Meerotter bis zum südamerikanischen Riesenotter, der den echten Robben in so vielen Punkten ähnelt, daß man kaum daran zweifeln kann, daß diese aus gleicherweise ans Wasserleben angepaßten Marderartigen entstanden seien. Gegen diese Annahme spricht allerdings, daß Ohrenrobben (Otariidae) und Seehunde (Phocidae) auf verschiedene Weise schwimmen, was meines Erachtens dazu zwingt, für diese Gruppen getrennte Ursprünge anzunehmen. Bei beiden Gruppen ist der Schwanz, der bei den *Ottern* flossenartig verbreitert und für das »Galoppschwimmen« wesentlich ist, auf einen kurzen Stummel reduziert. Bei beiden funktionieren die Hinterfüße als »Schwanzflosse«; sie stehen aber, wie gesagt, bei den Otariiden waagrecht und bei den Phociden lotrecht. Otariiden und Phociden sind wahrscheinlich unabhängig voneinander entstanden.

Bei den Seekühen (Sirenia) und den Walen (Cetacea) sind die Hinterbeine völlig verschwunden, dem Vortrieb dient eine aus Haut und Bindegewebe aufgebaute Schwanzflosse – ein für Säugetiere völlig neues, nur im Dienste der Wasseranpassung entstandenes Organ. Die Sirenen stammen von Säugetieren ab, die den Elefanten und den Schliefern (Hyracoidea) nahestanden. Den Ursprung der Wale suchte man früher ebenfalls in dieser Gruppe; neuerdings neigen die vergleichenden Anatomen dazu, die Ahnen der Wale in Raubtieren, etwa in primitiven Marderartigen, zu sehen. Dafür spricht, daß die Wale – im Gegensatz zu den ausschließlich pflanzenfressenden Sirenen – fast durchwegs reine Fleischfresser sind; lediglich einige Flußdelphine nehmen auch etwas vegetabilische Nahrung auf.

Wenn man in Rechnung stellt, welche offensichtlichen Nachteile der Konstruktion einem Lebewesen anhängen, das schon zum warmblütigen und luftatmenden Landtier geworden war, wenn es wieder zum Meerestier wird, so wundert man sich, daß sich dies »lohnt«. Man kann jede Tier- oder Pflanzenart als ein sich selbsterhaltendes »Unternehmen« auffassen. Schon die Heizung kostet bei den oft in polaren Regionen lebenden Walen gewaltige Energiemengen, wenn auch die dicke Specklage, die gleichzeitig als hydrostatisches Organ der Schwebefähigkeit und konturausgleichend der Stromlinienform dient, eine sehr gute Wärmeisolierung darstellt. Dafür verliert das Fett die Funktion der Energiereserve, denn es darf ja nicht angegriffen werden. Die Ernährung der Wale ist auch aus einem zweiten Grund eine nicht ganz problemlose Angelegenheit: Sie müssen nicht nur ihren Energie-, sondern auch ihren Wasserbedarf aus ihren Beutetieren gewinnen. Man weiß von gefangengehaltenen Delphinen, daß sie, wenn sie aus irgendwelchen Gründen die Nahrung verweigern, viel schneller verdursten, d. h. an Entwässerung zugrunde gehen, als sie verhungern würden. Eine andere Schwierigkeit, die durch hochinteressante Spezialanpassungen teilweise, aber nie ganz überwunden wurde, liegt für die Wale in der Notwendigkeit, zum Atmen an die Oberfläche des Wassers zu kommen. Wale können zwar sehr lange den Atem anhalten, ertrinken aber, wenn man sie in Netzen zu fangen versucht, ungemein leicht, wovon die Fänger und Tierpfleger der modernen großen Ozeanarien ein recht trauriges Lied zu singen wissen.

Besondere Schwierigkeiten bereitet auch die Geburt. Wale und Sirenen sind die einzigen Säuger, die überhaupt nie an Land gehen, also auch im Wasser gebären. Die augenfällige Gefahr, daß das Neugeborene ertrinkt, wird bei Walen durch hochinteressante Instinkthandlungen gebannt: Ein anderes, mit der Gebärenden befreundetes Weibchen, sehr häufig ihre erwachsene Tochter, steht schon während der Geburt bereit, um das Junge, sowie es erscheint, an die Meeresoberfläche zu tragen. Sie balanciert dabei das Baby auf ihrem Kopf, und zwar in der richtigen Lage, um seine Atemöffnung, das sogenannte Spritzloch, über das Wasser zu heben.

Wenn man sich die vielen Hilfsmechanismen von Struktur und Verhalten vor Augen hält, mit deren Hilfe Schwierigkeiten umgangen und Probleme gelöst werden, die sich aus der Umkonstruktion eines landbewohnenden Säugetiers zu einem Wasserbewohner ergeben, so bewundert man, wie so oft, die »Genialität« der »wohldurchdachten« Maßnahmen und Zusatzerfindungen; andererseits kann man aber nicht umhin, zu staunen, daß ein so einschneidender Wechsel der Anpassungsrichtung überhaupt »lohnt«, mit anderen Worten, daß der Wassersäuger sich in Konkurrenz mit den »berufenen« Wassertieren, den Fischen, halten kann.

Der Weg der Evolution ist ganz offensichtlich von dem Zufall bestimmt, der eine bestimmte Erbänderung in einer ebenso bestimmten, augenblicklich vorhandenen Umwelt mit einem Selektionsvorteil belohnt. Wie oft dieser Weg die Richtung wechseln kann, haben wir soeben erfahren. Er hinterläßt seine Spuren in Gestalt der auf S. 31 besprochenen »Anpassung von gestern« in den Strukturen der Lebewesen, die es dem Stammesgeschichtsforscher erlauben, seinen Verlauf zu rekonstruieren. Das Genom selbst enthält das Ergebnis einer Unzahl von Erbänderungen und Selektionsvorgängen; es enthält aber keinerlei »Aufzeichnung« über die Reihenfolge dieser Ereignisse. Da die einzelne Erbänderung zufallsbedingt und ungerichtet vor sich geht, ist es von nur in astronomischen Ziffern ausdrückbarer Unwahrscheinlichkeit, daß die Evolution jemals genau denselben Weg zurückgehen sollte, den sie gekommen ist. Diese aufgrund unseres heutigen Wissens über genetische und phylogenetische Vorgänge selbstverständliche Tatsache hat schon vor vielen Jahren der belgische Paläontologe Louis Dollo aufgrund seiner vergleichend-stammesgeschichtlichen Untersuchungen erschlossen und das Gesetz von der »Irreversibilität der Anpassung« aufgestellt.

Je spezieller die Anpassung ist – mit anderen Worten, je weiter und verschlungener der Weg aufeinanderfolgender mutativer und seligierender Vorgänge gewesen ist, der zum gegenwärtigen Zustand einer Art geführt hat –, desto unwahrscheinlicher wird es, daß die Anpassung rückgängig gemacht wird. Wenn ein Selektionsdruck auftritt, der ihr Rückgängigwerden vorteilhaft macht, geht die Evolution so gut wie immer einen anderen Weg als den, auf dem sie gekommen ist. Wenn z. B. eine Gruppe von Fischen in Anpassung an das Leben auf dem Grund des Wassers das hydrostatische Organ der Schwimmblase abgebaut hat und daher weit schwerer als Wasser und nicht mehr schwebefähig ist, aus irgendwelchen Gründen Formen hervorbringt, die frei schwimmen, so wird nicht das rudimentär gewordene Luftbläschen aus der Rumpelkammer geholt, sondern ein neuer Schwebeapparat in Gestalt von Tragflächen »erfunden«, die meist von den Brustflossen gebildet werden, wie bei den Knurrhähnen (Triglidae) und bei den Flughähnen (Dactylopteridae), denen man, eben wegen dieser Tragflächen, lange Zeit fälschlicherweise Flugvermögen zugeschrieben hat.

Ein anderes und noch schöneres Beispiel für den in Rede stehenden Vorgang führt O. Abel in seinem Lehrbuch der Paläozoologie an. Der schwere Panzer der Schildkröten entstand bei landbewohnenden Formen durch Verbreiterung der Rippen und der Dornfortsätze der Wirbel, die schließlich zu einem geschlossenen Panzer verschmolzen. Die Gruppe eroberte, wahrscheinlich auf dem Weg durch Süßwassersümpfe, das offene Meer, und der schwere Panzer der terrestrischen Vorfahren wurde durch die Bildung von Lücken (Fontanellen), die von den Außenrändern des Rückenschildes gegen die Wirbelsäule zu fortschritt, leichter gemacht; ebenso traten im Bauchpanzer Rückbildungen ein. So entstanden Hochseeformen mit sehr leichten und im Interesse der Stromlinienform nur sehr flach gewölbten Panzern. Von derart hochspezialisierten Hochseeschildkröten sind in der älteren Tertiärzeit Formen abgezweigt, die zum Leben in Küstenregionen zurückgekehrt sind, wo der Besitz eines starken Panzers von Vorteil war. Bei diesen Tieren bildete sich über den Rudimenten des alten Knochenpanzers ein neuer aus, der aus kleinen, mosaikartig aneinanderstoßenden, unregelmäßig polygonalen Platten bestand. Die Nachkommen dieser sekundär zu Küstenbewohnern gewordenen Seeschildkröten, wie das im Eozän bis Pliozän vorkommende Psephophorus, sind nun neuerdings zu Hochseetieren geworden, bei denen sich die Reduktion des Knochenpanzers wiederholt hat. So erklärt sich anhand fossiler Formen die sonst ganz unerklärliche Tatsache, daß die heute lebende hochseebewohnende Lederschildkröte zwei übereinander liegende Panzer trägt, die beide rückgebildet und nicht funktionstüchtig sind.

In gewissem Sinne ist auf lange Sicht die hohe Spezialisierung immer gefährlich für die betreffende Lebensform. Es ist nicht nur sehr unwahrscheinlich, daß sie den »Weg zurück« findet; mit zunehmender Spezialisierung nimmt auch die

Wahrscheinlichkeit ab, daß überhaupt ein neuer und anderer Weg gefunden werden kann, falls sich der begangene als Sackgasse erweisen sollte. Die Zahl der Verwendungsmöglichkeiten jeglicher Struktur, auch der eines menschengemachten Werkzeugs, nimmt mit seiner Spezialisierung ab.

Je weiter eine spezielle Anpassung getrieben ist, desto weniger verträgt sie eine Veränderung dessen, woran sie angepaßt ist. Schwalben und Mauersegler sind in bewundernswerter Weise an das Fangen fliegender Insekten angepaßt; die Arten dieser Gruppen sind erfolgreich und in großer Individuenzahl über die nördliche gemäßigte Zone verbreitet. Bei keiner anderen Vogelart kennen wir so vernichtende Katastrophen, wie sie diese Arten betreffen, wenn durch plötzlich und frühzeitig eintretendes herbstliches Schlechtwetter der Insektenflug aufhört, ehe die Vögel ihren Herbstzug angetreten haben.

Die phylogenetische Spezialanpassung ist einem kommerziellen Unternehmen zu vergleichen, das große Summen in die Fabrikation eines neuen Artikels investiert, ehe man weiß, wie lange die »Konjunktur« für seinen Absatz anhalten wird. Je spezieller die Fabrikeinrichtung, desto unwahrscheinlicher ist es, daß sie nach Aufhören dieser Konjunktur zu etwas Anderem verwendbar sein wird. Was den Artenwandel ebenso wie das menschliche Unternehmen zu den abwegigsten Spezialanpassungen veranlassen kann, ist ein augenblicklicher großer Gewinn. Dem in meinem Buch »Die Rückseite des Spiegels« besprochenen Effekt der positiven Rückwirkung von Kapital- und Informationsgewinn folgt die Phylogenese ohne jede einsichtige Voraussicht – das menschliche Industrieunternehmen indessen oft trotz dieser.

Die Wirkung innerartlicher Konkurrenz

Die natürliche Selektion bevorzugt durchaus nicht das, was auf lange Sicht für die Art vorteilhaft ist, sondern belohnt blindlings alles, was im Augenblick einen größeren Fortpflanzungserfolg gewährt. Besonders klar tritt diese Blindheit in jenen Fällen zutage, in denen dieser Erfolg nicht von Umständen der außerartlichen Umwelt abhängt, sondern von der Interaktion zwischen Artgenossen. Der innerartliche Wettbewerb kann bizarre Bildungen zur Folge haben, die den Interessen der Art im Wege stehen. In Fällen, wo die Auswahl des Geschlechtspartners dem Weibchen obliegt, wie dies bei sehr vielen kollektiv balzenden Vögeln, aber auch bei höheren Säugern vorkommt, kommt es zur Ausbildung von Balzorganen, die ausschließlich durch das Ansprechen von angeborenen Auslösemechanismen der Weibchen seligiert werden. Die Konkurrenz der Männchen ist dann so gut wie ausschließlich auf die Entfaltung der wirksamsten »Werbetechnik« begründet. Besonders unsinnig scheint das, wenn zur Ausbildung wirksamer Signalorgane Strukturen herangezogen werden, die im Dienste einer anderen Funktion stehen, welche durch diese Differenzierung beeinträchtigt wird. So sind z. B. beim Argusfasan die Armschwingen des Männchens um ein Vielfaches verlängert und mit wunderschönen, wie aufgemalt wirkenden Augenflecken geziert. Voll erwachsene Argushähne können zwar noch fliegen, sind aber deutlich flugbehindert. Die Ausbildung der Armschwingen muß einen Kompromiß bilden zwischen den Anforderungen, die an die Fluchtfähigkeit des Hahnes gestellt werden, und jenen, die der »Geschmack« des Weibchens an sie stellt: Wenn der Vogel allzu schlecht fliegt, tötet ihn ein Bodenraubtier, ehe er Junge zeugen kann; wenn seine Armschwingen nicht eindrucksvoll genug sind, bleibt er ebenfalls ohne Nachkommen, weil das Weibchen einen anderen Hahn bevorzugt.

Ein anderes Beispiel für einen Irrweg, in den intraspezifische Selektion eine Tierart gelockt hat, ist eine Gruppe von Säugetieren: die Hirsche. Bei den großen Gattungen und Arten dieser Gruppe tragen die Männchen stets ein großes Geweih, das aus Knochensubstanz besteht. Es wird alljährlich abgeworfen und wächst neu. Man muß sich vor Augen führen, welche Nachteile dieses Gebilde für die Art mit sich bringt. Es bedeutet erhebliche Kosten, jedes Jahr einen oft viele Kilogramm schweren Baum aus Knochen wachsen zu lassen. Das Geweih ist, solange es noch wächst und von einer behaarten Haut, dem

»Bast« überzogen ist, außerordentlich verwundbar und muß bei Arten, die in dichtem Wald leben, die Bewegung erheblich behindern – so genau auch die Hirsche über die Ausmaße der ausladenden Spitzen orientiert sind und so geschickt sie auch mit den Stangen zu manövrieren wissen. Dies alles aber wird seligiert, weil das Geweih während der wenigen Wochen der Brunft im Rivalenkampf gebraucht und außerdem als optischer Auslöser von den Damen verlangt wird. A. Bubenik hat nachgewiesen, daß man mit einem künstlichen und übertrieben großen Hirschgeweih den Harem vom stärksten Platzhirsch weglocken kann.

Seligiert wird eben das, was im Augenblick und unter den vorherrschenden Bedingungen die größte Nachkommenschaft verspricht, und nicht, was der Arterhaltung auf lange Sicht dienlich und in diesem Sinne teleonom ist.

Zu den für die Arterhaltung sinnlosen und ungünstigen und nur durch die Vorteile für das Genom des Individuums seligierten Eigenschaften und Verhaltensweisen gehört auch der Kindermord, der bei Langur-Affen (Semnopithecinae) und bei Löwen beobachtet wurde. Bei beiden Arten besitzt ein Männchen einen Harem von mehreren Weibchen. Wenn der bisherige Pascha einem anderen weichen muß, beißt dieser sämtliche noch mit ihren Müttern lebenden Nachkommen tot, was für ihn einen Fortpflanzungsvorteil bedeutet, weil die Mütter daraufhin früher in neue Brunst kommen und von ihm begattet werden können. Was mit posthumen Nachkommen des früheren Haremsbesitzers geschieht, scheint nicht bekannt zu sein. Von manchen Beobachtern wird übrigens der von Y. Sugiyama beschriebene Kindermord der erwähnten Affen für eine pathologische Ausnahmeerscheinung gehalten, was in Anbetracht der Seltenheit der Erscheinung nicht ganz unwahrscheinlich ist.

Die in diesem Abschnitt besprochenen Funktionen der Selektion, die der Erhaltung der betreffenden Art deutlich schädlich sind, stellen meines Erachtens ein starkes Argument für die Annahme dar, daß dem Evolutionsvorgang kein eingebauter Plan innewohnt, der zu einer Entwicklung in Richtung größerer Vollkommenheit der Anpassung führt und noch weniger eine Entwicklungstendenz »nach oben« bewirkt.

Die Anpassung an eine bestimmte Gegebenheit ist mit dem Erwerb von Information über sie gleichzusetzen. Innerartliche Selektion bewirkt nur Information über die Eigenschaften des Konkurrenten, mit dem man in Wettbewerb steht. Die Art »erfährt« durch intraspezifische Selektion nichts über die Außenwelt und gerät also, was diese betrifft, ungemein leicht in höchst unteleonome Sackgassen der Evolution.

Abbauende Evolution oder »Sacculinisierung«

Es wurde im Vorangehenden wohl zur Genüge gezeigt, daß die Evolution von jedwedem erreichten Entwicklungsstadium aus in beliebiger Richtung weitergehen kann, blindlings jedem neu auftauchenden Selektionsdruck folgend. Wir wollen uns darüber im klaren sein, daß in dem eben gebrauchten Begriff einer Evolutions-»Richtung« ein zunächst unreflektiertes Werturteil enthalten ist. Von diesem wird im zweiten Teil des Buches gesprochen werden. Für den gegenwärtigen Zusammenhang ist es völlig ausreichend, daß jeder von uns versteht, was gemeint ist, wenn man von einem höheren oder einem niedrigeren Lebewesen spricht.

In diesem Abschnitt soll nun von einer Evolutionsrichtung gesprochen werden, die zu einer Wertverminderung zu führen scheint. Es ist nahezu unmöglich, einen unmittelbar verständlichen Ausdruck für diesen Vorgang zu finden. Die Worte Involution, Dekadenz oder auch Degeneration haben alle Bedeutungen, die dem hier in Rede stehenden Vorgang nicht entsprechen. »Abbauende Evolution« ist vielleicht der beste Ausdruck. Dieser ist so spezifisch, daß ich versucht war, ihn nach einem eindrucksvollen Beispiel »Sacculinisierung« zu nennen. Das eindeutige, aber einer Definition bedürftige Wort »Sacculinisierung« wählte ich nach einem Lebewesen, an dem der Vorgang abbauender Evolution besonders anschaulich wird. Der Krebs *Sacculina car-*

cini ist wahrscheinlich ein Abkömmling des großen Stammes der Ruderfußkrebse (Copepoda), vielleicht auch der Rankenfußkrebse (Cirripedia). Als frisch aus dem Ei geschlüpfte Larve ist dieser Krebs ein typischer Nauplius, d. h. ein sechsbeiniges Krebschen, das rasch durchs Wasser rudert und mit einem Zentralnervensystem ausgestattet ist, dessen Programmierung es ihm erlaubt, den prospektiven Wirt, die Strandkrabbe *Carcinides maenas,* aufzusuchen und sich gezielt an ihrer Unterseite an der Grenze zwischen dem Kopfbruststück und dem Schwanz festzusetzen und einzubohren. Sowie dies gelungen ist, wachsen aus dem Vorderende des Krebschens strukturlose Schläuche in den Körper des Wirtes, den sie durchdringen wie das Mycel eines Pilzes seinen Nährboden. Auge, Extremitäten und Nervensystem des Parasiten verschwinden völlig; er wächst an der Außenseite des Wirtes zu einer riesenhaften Geschlechtsdrüse aus, die an größeren Krabben Kirschgröße erreichen kann.

Analoge Erscheinungen finden sich bei vielen Parasiten, außerdem aber auch an vielen Tierarten, die nicht als Schädlinge wirken, sondern der anderen Tierart ausgesprochen nützen – bei sogenannten Symbionten. Symbionten, die Erscheinungen abbauender Evolution zeigen, sind z. B. sehr viele unserer Haustiere, die allmählich aller jener speziellen Anpassungen verlustig gehen, die ihren Vorfahren zum unabhängigen Überleben in der Wildnis unentbehrlich waren. Fast alle Haustiere haben viel von der Bewegungsfähigkeit ihrer undomestizierten Vorfahren verloren; alle haben nur in Hinsicht auf jene Eigenschaften gewonnen, die dem Menschen dienlich sind und auf die er bewußt oder unbewußt einen Selektionsdruck ausübt. Man nennt diese Vorgänge der »Haustierwerdung« herkömmlicherweise Domestikation. Unser ästhetisches Empfinden bewertet die meisten Domestikationserscheinungen negativ. Julian Huxley sprach von »Vulgarisation«.

In der Tat wirken die meisten undomestizierten Ahnenformen unserer Haustiere im Vergleich zu diesen ausgesprochen »edel« – es gibt aber mindestens zwei vielsagende Ausnahmen. Ich pflegte in der Vorlesung immer Wildform und domestizierte Form nebeneinander zu zeigen und dann unvermittelt ein arabisches Vollblutpferd und ein Przewalski-Wildpferd in umgekehrter Reihenfolge. Da brauchten dann selbst Eingeweihte einige Sekunden, um sich darüber klarzuwerden, daß der Araber die Domestikationsform des Przewalski-Pferdes sei. Was in ästhetischer Hinsicht für das Pferd gilt, gilt in Hinsicht auf soziale Verhaltensweisen für den Hund. Der Mensch hat rund 14 000 Jahre auf eine sowieso schon hochsoziale Wildform eine scharfe Selektion ausgeübt, und zwar auf die Entwicklung von Eigenschaften, die als menschliche Tugenden gelten: Liebesfähigkeit und Treue, Mut, Tapferkeit und Gehorsam. Was Wunder, wenn in diesem Zeitraum Wesen entstanden, die uns in all diesen Eigenschaften übertreffen.

Die Evolution, die sich bei Parasiten wie bei Symbionten findet, hat immer die Partnerschaft zu einer anderen Lebensform zur Voraussetzung, die jene Funktionen übernimmt, die bei ihrem Schmarotzer oder Partner abgebaut werden. Die Strandkrabbe findet Nahrung, bringt sich in Sicherheit und vollbringt unzählige andere Funktionen, und der Parasit »verläßt« sich darauf, daß der Wirt sie übernimmt. In gleicher Weise ist das Haustier auf menschliche Funktionen angewiesen.

Die Frage, ob eine Spezies der abbauenden Evolution verfallen kann, *ohne* daß eine andere Lebensform – Wirt oder Symbiont – vikariierende Leistungen vollbringt, ist sehr wichtig. Wir kennen ein einziges sicheres Beispiel für das Auftreten von Domestikationserscheinungen an einem freilebenden und sicher nicht parasitischen Tier, nämlich am Höhlenbären. Wilhelm von Marinelli hat bei seiner Untersuchung von Höhlenbärenskeletten aus der Drachenhöhle bei Mixnitz in der Steiermark eindeutige Domestikationserscheinungen gefunden, die in der gesamten Tierwelt sonst nur von Haustieren, insbesondere vom Haushund, bekannt sind. Der Höhlenbär war das Leitfossil seiner Zeit und das größte und wehrhafteste Tier seines Lebensraumes. Es hat sicher kein noch größeres Raubtier gegeben, das Höhlenbären gefressen hat.

Dies ist der einzige Hinweis darauf, daß Anzeichen abbauender Evolution auch dann auftreten können, wenn kein Wirt oder symbiontischer

Partner Ersatz für verlorengehende Differenzierungen leistet. Diese Frage ist für uns Menschen deshalb lebenswichtig, weil unsere Art schon heute in körperlicher Hinsicht unverkennbare Domestikationserscheinungen zeigt und weil ein Abbau spezifisch menschlicher Eigenschaften und Leistungen das erschreckende Gespenst der Unmenschlichkeit beschwört. Wenn man die Anpassungsformen des Parasiten nach der Menge von abbildender Information beurteilt, so findet man einen Verlust von Information, der durchaus unserer gefühlsmäßigen negativen Bewertung des Parasiten entspricht. Die erwachsene *Sacculina carcini* hat über keinerlei Einzelheiten ihres Lebensraumes Information, außer über ihren Wirt.

3. Kapitel

Die schöpferische Evolution

Anpassung als kognitiver Vorgang

Durch die Ergebnisse von Manfred Eigen wissen wir heute, daß die Entstehung des Lebens durchaus kein Geschehen von so ungeheurer Unwahrscheinlichkeit war, wie alle nichtvitalistischen Biologen und Philosophen bis dahin angenommen haben. Rupert Riedl hat in seinem Buch »Die Strategie der Genesis« überzeugend dargestellt, daß der Zufall in vielfacher Weise eingeengt ist: sowohl durch den Gewinn, den er in einigen Fällen bringt, als auch vor allem durch die komplexe Wechselwirkung zwischen den Genen, die keineswegs unabhängig voneinander in Aktion treten, wie man es sich früher vorgestellt hat.

Wir sind nach wie vor davon überzeugt, daß eine Erbänderung, durch die sich die Überlebenschancen eines Organismus verbessern, sehr unwahrscheinlich ist, doch steht dieser Unwahrscheinlichkeit gegenüber, daß eine solche Erbänderung, wenn sie dem Organismus neue Möglichkeiten zur Beherrschung seiner Umwelt eröffnet, sich in einem entsprechenden Ausmaße bezahlt macht. Jede Erbänderung, die dem Organismus eine neue Möglichkeit bietet, mit seiner Umwelt fertig zu werden, bedeutet nicht mehr und nicht weniger, als daß *neue Information über diese Umwelt* in das organische System hineingelangt ist. *Anpassung ist ein essentiell kognitiver Vorgang.* Diese Einsicht hilft uns zu verstehen, daß die intraspezifische Selektion eben gerade keine Anpassungen bewirkt: Die dem Organismus durch sie eingespeisten Erkenntnisdaten haben keinerlei Bezug auf die Umwelt; sie beziehen sich ausschließlich auf Eigenschaften der Art.

Das Material, an dem Selektion angreift, besteht immer aus den Eigenschaften des Phänotypus, die auf rein zufälligen Veränderungen oder Neukombinationen von Erbanlagen sowie natürlich auf Modifikationen beruhen. Es ist formal richtig zu behaupten, die Evolution gehe nach den Prinzipien des Zufalls und der Ausmerzung vor; diese Aussage erscheint jedoch als unwahrscheinlich, weil die wenigen Milliarden Jahre der Existenz unseres Planeten nicht ausgereicht hätten, um die Entstehung höherer Lebewesen und des Menschen aus virusähnlichen Vor-Lebewesen auf diesem Weg zu ermöglichen. Wir wissen jedoch durch die Ergebnisse von Manfred Eigen, daß die möglichen Auswirkungen des Zufalls »gezähmt« werden, und zwar einerseits schon durch chemische Eigenschaften der Elemente und durch die komplexe Wechselwirkung zwischen den Genen, die, wie Rupert Riedl gezeigt hat, keineswegs so unabhängig voneinander in Aktion treten, wie man früher geglaubt hat.

Wir sind unverändert der Anschauung, daß eine Mutation, durch die sich die Überlebenschancen einer Spezies verbessern, höchst unwahrscheinlich ist. Doch steht dieser Unwahrscheinlichkeit die ebenso gewaltige Verbesserung der Lebens- und Fortpflanzungschancen gegenüber, die im Gefolge jener glücklichen Erbänderung auftritt. Der Wissensgewinn, der in der neuen Anpassung liegt, trägt durch einen weiteren »Kapitalzuwachs« Zinsen, nämlich durch das Anwachsen der Zahl der überlebenden Nachkommen. Mit dieser Zahl steigt auch die Wahrscheinlichkeit, daß es einer dieser Nachkommen ist, dem der nächste »Haupttreffer« zufallen wird. Es besteht also bei allen Lebewesen ein Verhältnis positiver Rückkoppelung zwischen Wissensgewinn und Kapitalzuwachs. Man kann auch diesen Wirkungskreis gut durch den Vergleich mit kommerziellen Unternehmen anschaulich machen. Ein großer chemischer Konzern investiert regelmäßig einen erheblichen Teil seines Reingewinnes in seinen Laboratorien, in der berechtigten Annahme, daß der so erreichte Wissensgewinn sich durch weiteren Kapitalgewinn bezahlt machen werde. (Genau genommen ist dies gar kein Gleichnis, sondern ein Spezialfall; auch Industriekonzerne sind lebende Systeme.)

Die »Anpassung an« eine gegebene Umwelt bedeutet daher immer das Herstellen einer Entsprechung, die in gewissem Sinne ein *Bild* dieser Umwelt ist. Donald MacKay spricht in diesem Fall von *abbildender Information* – ein Begriff, der keineswegs identisch mit dem der Informationstheoretiker ist. Von den einfachsten molekularen Anpassungen frühester Vor-Lebewesen zum wissenschaftlichen Weltbild des denkenden Menschen führt eine lückenlose Reihe von Übergängen.

Dieser evolutionäre Fortschritt ist jedoch nicht identisch mit dem Vorgang, den ich als schöpferische Evolution begreifen möchte. Ich habe die wilden Zickzackwege der Evolution nur deshalb so eingehend geschildert, weil sie eindeutig zeigen, daß dem organischen Werden eine prädeterminierte Richtung *nicht* innewohnt. Das oft zitierte Beispiel vom Flußdelta trifft auf das Evolutionsgeschehen in einem Punkte nicht zu: Während nämlich alle Wasserläufe stets vorwärts bergab laufen, kann es im Evolutionsgeschehen vorkommen, daß manche Lebensstämme sich rückläufig entwickeln. Von den Viren kann man sogar sagen, daß ihre Entstehung lebendige Materie in nichtlebendige zurückgeführt hat.

Vor allem aber müssen wir uns darüber im klaren sein, daß ein besseres und verläßlicheres Angepaßtsein eines Lebewesens an seine Umwelt mit seiner Differenzierung und der Länge und Komplikation seines Evolutionsweges, *mit seiner Entwicklungshöhe, nicht gleichgesetzt* werden darf. Ein Pantoffeltierchen ist an die spezielle

Umwelt seiner Art ebenso gut angepaßt wie der Mensch an seine. Wenn man die Überlebenschancen beider Spezies für die nächste Zukunft unserer Erde gegeneinander abwägt, erscheinen die Aussichten für die »niederere« Lebensform sogar bei weitem besser. Die Vollkommenheit der Anpassung kann ebensowenig zu einer Definition des »Höheren« verwendet werden wie etwa der Grad der Komplexität oder der Grad der Differenzierung und Subordination der Teile unter das Ganze. Bestenfalls könnte man den Umfang des Informationsgehaltes zum Maß organischer Entwicklungs-»Höhe« machen.

Der Weg zum Höheren

Der Weg, den die Entwicklung eines lebenden Systems nimmt, hängt von äußeren und inneren Zufällen ab; das Lebensgeschehen ist, um Manfred Eigen zu zitieren, »ein Spiel, in dem nichts festliegt, außer den Spielregeln«. Die Evolution, obwohl grundsätzlich nicht zweckgerichtet, ist ein Erkenntnisvorgang. Unsere Einsicht in das Fehlen jeglicher Prädeterminiertheit darf uns indessen nicht der Erkenntnis einer Tatsache verschließen: Die jeweils höchsten Lebewesen einer bestimmten Erdepoche sind ausnahmslos »höhere« Tiere als die der vorangehenden. Wir müßten unserem Wertempfinden Gewalt antun, wollten wir daran zweifeln, daß die Haifische des Devons höhere Lebewesen waren als die Trilobiten des Kambriums, die Lurchreptile der Steinkohlenzeit höhere als die Haifische und die Reptilien des Erdmittelalters höhere als die Lurche.

Diesem nichtrationalen Bewerten steht zweifellos etwas Wirkliches in unserer Außenwelt gegenüber, und dieses Wirkliche verlangt nach einer Erklärung, die wir vorläufig nur in Form einer recht unsicheren Hypothese zu geben vermögen. Die Anpassung ist an sich nur ein kognitiver und kein schöpferischer Vorgang, doch wird nicht nur das Objekt der Kognition – das »zu Wissende« – im Laufe der Epochen immer vielfältiger, sondern auch das wissende Subjekt. Das Spiel von allem mit allem spielt sich ja nicht nur zwischen Lebewesen und anorganischer Umwelt, sondern auch zwischen den unzähligen Arten existierender Lebewesen ab, und der Charakter dieses Spieles ist durchaus nicht immer und überall ein Kampf um das Dasein, sondern ebenso oft, und vor allem in den großen Zügen, ein Zusammenspiel, eine Symbiose. Ein Ökosystem ist ein ungemein kompliziertes Gebilde mit unzähligen fördernden wie hemmenden Wechselwirkungen. Unsere Hypothese besagt, daß es dieses Spiel unzähliger organismischer Wechselwirkungen ist, das die Evolution kreativ werden läßt. Es ist nicht ein allumfassendes Prinzip, sondern die Wechselwirkung von nahe verwandten und oft sehr ähnlichen Formen, die zu nie dagewesenen »Erfindungen« führt.

Ein Beispiel aus der Technik zeigt, daß der Selektionsdruck, der zur größeren Differenzierung und Komplikation eines Systems führt, vor allem von nahe verwandten Systemen ausgeübt wird. Henry Fords erstes, weltweit verbreitetes Produkt, die sogenannte „Tin Lizzie“, war von durchschlagendem Erfolg in der Konkurrenz mit Pferdefahrzeugen. Ihre Benützer waren mit dem Zweigang-Planten-Getriebe zufrieden, bei dem man notabene einen harten Druck auf das eine Pedal ausüben mußte, solange der erste Gang in Funktion bleiben sollte. (Die allgemeine Zufriedenheit drückte sich in dem bekannten Ausspruch einer frommen Großmutter aus: »If God had intended the Ford car to have a three speed gear, He would have fitted it with one«: Wenn Gott gewollt hätte, daß der Fordwagen ein Dreiganggetriebe habe, hätte er eines eingebaut.) Nicht das Pferdefuhrwerk war es, das Ford später gezwungen hat, Mehrgang-Getriebe einzubauen, sondern die Konkurrenz anderer Autofirmen.

Ein Argument für die Annahme, daß das Spiel von allem mit allem, wie es sich zwischen der Vielzahl zusammenlebender Systeme abspielt, ein wesentlicher Faktor ist, der die Evolution »hinan«-treibt und schöpferisch werden läßt, liegt in der Tatsache, daß die stammesgeschichtliche Entwicklung einzelner Lebensformen nahezu stillsteht, wenn die Auseinandersetzung mit ähnlichen Wesen fortfällt. Dies kann besonders in isolierten ökologischen Nischen der Fall sein; »lebende Fossilien« kennen wir vor allem aus tieferen Meeresschichten. Ein besonders eindrucksvolles Beispiel ist der zu den Phyllopoden gehörige Süßwasserkrebs *Triops cancriformis*. Er hat sich eine wahrhaft »ausgefallene« ökologische Nische errungen, er lebt in Überschwemmungstümpeln, die nur kurze Zeit und keineswegs jedes Jahr mit Wasser gefüllt sind. Die Zwischenzeit überdauert die Art im Ei, das weder durch Trockenheit noch durch Frost geschädigt wird. Der Krebs kommt auf den Überschwemmungswiesen meiner engeren Heimat vor. Dank meiner früh erwachten Leidenschaft für Aquarienhaltung und dem aus dieser erwachsenden Spezialinteresse für phyllopode Krebse kann ich mit Sicherheit angeben, daß *Triops cancriformis* im Jahre 1909, das nächste Mal 1937 und dann wieder im Jahr 1949 aufgetaucht ist (zwischen 1940 und 1949 liegt eine kriegsbedingte Beobachtungslücke). Die wichtige Tatsache ist nun, daß diese Art bereits in der mittleren Trias nachgewiesen ist, und zwar durch den gut erhaltenen fossilen Abdruck des aus Fiederborsten gebauten Filterapparates ganz sicher dieselbe Art, nicht etwa nur dieselbe Gattung.

Was im Lauf der Zeit nach »oben« drängt, mag der Umstand sein, daß im Lauf der Evolution jeder Organismus immer wieder eine neue ökologische Nische schaffen muß, da vorhandene »schon besetzt« sind. Ähnliche Umstände scheinen vorzuliegen, wenn ein Organismus zwei verschiedenen funktionellen Anpassungen gerecht wird, also gewissermaßen zwei ökologische Nischen besetzt. Dies ist schon der Fall, wenn einem Lebewesen mehrere Verhaltensformen zur Verfügung stehen, deren jede in einer ganz bestimmten Umweltsituation angewendet werden muß. In diesem Fall ist eine höhere »Kommandostelle« nötig, die imstande ist, mehrere potentiell mögliche Verhaltensweisen total unter Hemmung zu setzen, um eine bestimmte – nämlich die der augenblicklichen Situation adäquate – zu enthemmen. Der übliche Ausdruck, sich zu etwas »entschließen«, bezeichnet einen analogen Vorgang auf höherer Ebene. Eben dies ist aber, wie Erich von Holst am Regenwurm demonstriert hat, die ursprünglichste und wichtigste Leistung einer »gehirnähnlichen« Organisation, wie sie beim Regenwurm und anderen Anneliden im Oberschlundganglion gegeben ist. Eine solche »Kommandostelle« hält die dauernd von der endogenen Reizproduktion des Tieres »angebotenen« Bewegungsweisen unter Hemmung und läßt nur derjenigen freien Lauf, die unter den augenblicklich obwaltenden Umständen ihre arterhaltende Leistung entfalten kann. Die Kommandostelle wird von den Sinnesorganen darüber informiert, welche besondere Umweltsituation zur Zeit gegeben ist, und sie besitzt genetisch programmierte Information darüber, welche von den zur Verfügung stehenden Bewegungsweisen auf welche Umweltsituation »paßt«. Je mehr diskrete Verhaltensmöglichkeiten einem Tier zur Verfügung stehen, desto vielseitigere und höhere Leistungen werden von dem Zentralorgan verlangt, das sie gewissermaßen verwaltet.

Wir kennen schon auf ziemlich einfacher Stufe

Tiere, die sich in räumlich komplizierter Umgebung gut zurechtfinden, wie Seesterne und manche Schnecken. Sie sind fähig, Weggewohnheiten auszubilden und nach recht komplizierten Weidegängen auf ihren angestammten Sitzplatz zurückzufinden. Bei manchen Napfschnecken *(Patella)* paßt sich das Wachstum der Schale an die besonderen Unebenheiten des Sitzplatzes an, von dem das Tier auch mit großer Gewalt nicht losgerissen werden kann. Der besondere teleonomische Wert des Zurückfindens ist hier offenkundig. Andere einfache Tiere vermögen im freien Wasser ungemein schnell zu schwimmen: Die Pfeilwürmer (Chaetognatha) sind wahrscheinlich die im Verhältnis zu ihrer Eigenlänge schnellsten freischwimmenden Tiere, die es gibt. Sie sind jedoch nicht fähig, sich mit festen Hindernissen auseinanderzusetzen, die ihre Schwimmbahn begrenzen.

Wenn wir nun aber nach Tieren suchen, die ebensowohl komplexe Raumstrukturen durch Lernen zu beherrschen vermögen, als auch im freien Wasser blitzschnell zu schwimmen, so müssen wir zu einer sehr viel höheren Ebene von Lebewesen emporsteigen, nämlich bis zu gewissen stachelflossigen Fischen. Es sind dies Formen, die durch räumliches Lernen Wege in dem räumlich reich strukturierten Biotop der Korallenriffe beherrschen. Diese Wegdressuren werden durch exploratives Verhalten erworben. Territoriale Fische »wissen« von jedem möglichen Punkt ihres Revieres den kürzesten Weg zur sicheren Deckung. Die Entwicklungsstufe dieser Fische ist erstaunlich hoch, sie verblüffen immer wieder durch ihre Neugierde und ihre »unfischhafte« Intelligenz.

Kulturelle Evolution

Über die Richtung, in der die Evolution von Kulturen verläuft, wissen wir aus der Menschheitsgeschichte, daß sie analoge Zickzackwege beschreiten kann wie die genetische Evolution von Tier- und Pflanzenarten. Eine weitere Tatsache, deren wir sicher sind, ist die, daß die kulturelle Evolution – die psychosoziale, wie Julian Huxley sie genannt hat – um ein Vielfaches schneller verläuft als die phylogenetische. Ich habe in meinem Buch »Die Rückseite des Spiegels« den Versuch einer natürlichen Erkenntnistheorie unternommen und die Hypothese aufgestellt, daß das begriffliche Denken des Menschen durch eine Integration mehrerer, vorher schon existenter Erkenntnisleistungen zustande kam. Unter diesen ist die Fähigkeit der Raumvorstellung als erste zu nennen. Die Anschauungsformen von Raum und Zeit sind, meiner Meinung nach, in Wirklichkeit nur eine, nämlich die Anschauungsform von Bewegung in Raum und Zeit.

Die zweite wichtige Leistung, die mit der Raumvorstellung zusammen die neue Systemfunktion des begrifflichen Denkens möglich macht, ist die Abstraktionsleistung der Gestaltwahrnehmung, ohne die wir uns in sich konstante Gegenstände gar nicht vorstellen könnten; eine dritte aber ist das explorative Verhalten mit seinem sachlichen Interesse an Gegenständen. Sicherlich hat die sachliche Exploration von Umweltdingen dazu geführt, daß das Einzelwesen auf der Schwelle der Menschwerdung die Tatsache entdeckte, daß seine tastende Hand ein Gegenstand derselben realen Außenwelt ist wie der explorierte Gegenstand. In diesem Augenblick war der erste Brückenschlag vom Greifen zum Be-greifen vollzogen.

Noam Chomsky meint, das begriffliche Denken sei im Dienste der Beherrschung der außerartlichen Umwelt entstanden und habe erst sekundär Beziehungen zur Sprache erlangt. Es gibt für diese Annahme gewiß zwingende Argumente; ich glaube aber dennoch, daß begriffliches Denken und Sprache Hand in Hand entstanden sind, denn sowie auch nur Ansätze zu Begriffen gegeben waren, konnte es nicht ausbleiben, daß sprachliche Symbole dafür gefunden wurden.

Die Entstehung des begrifflichen Denkens und der Wortsprache hat unabsehbare biologische Folgen. Es wurde zwischen Biologen seit der Entdeckung der Evolution viel darüber diskutiert, ob erworbene Eigenschaften vererbt werden könnten oder nicht. Ich habe schon vor Jahren einen sarkastischen Aphorismus geprägt, der besagt: »Daß etwas im allgemeinen *nicht vorkommt*, wird dem Forschenden oft erst klar, wenn ein

Ausnahmefall ihm zeigt, wie es aussehen würde, *wenn es* regelmäßig vorkäme.« Das neu entstandene, nie dagewesene begriffliche Denken des Menschen macht die – selbstverständlich nicht genetische – Vererbung erworbener Eigenschaften möglich. Wenn ein Mensch Pfeil und Bogen erfindet, so hat zunächst seine Familie und sein Stamm, bald aber die ganze Menschheit dieses nützliche Werkzeug, und die Wahrscheinlichkeit, daß es wieder vergessen wird, ist nicht größer als die, daß ein körperliches Organ von vergleichbarer Wichtigkeit rudimentär wird. Die ungeheure Anpassungsfähigkeit des Menschen, der in denkbar verschiedenen Lebensräumen sein Fortkommen findet, ist ein Ausdruck der hohen Geschwindigkeit, mit der sich die kulturelle Evolution vollzieht.

Eine zweite, vielleicht noch wesentlichere Folge des begrifflichen Denkens und der Wortsprache ist das Band, durch das sie Individuen miteinander verbindet. Die schnelle Verbreitung von Wissen, die Angleichung der Meinungen innerhalb einer sozialen Gruppe schafft eine Einigkeit und Brüderlichkeit, wie sie nie vorher existiert hatte. Bänder dieser Art umschlingen größere und kleinere Scharen von Menschen. Gemeinsames Wissen, Können und Wollen schafft eine kulturelle Einheit. Geist ist für mich eben diese durch begriffliches Denken, Wortsprache und gemeinsame Tradition verursachte Grundleistung der menschlichen Gesellschaft. Geist ist ein *sozialer* Effekt. Ich habe schon gesagt, daß ein Mensch, für sich genommen, gar kein Mensch ist: nur als Mitglied einer geistigen Gruppe kann er voll Mensch sein. Geistiges Leben ist grundsätzlich überindividuelles Leben; die individuelle konkrete Verwirklichung geistiger Gemeinsamkeit nennen wir *Kultur*.

Die Kultur als lebendes System

So groß auch der Abstand – Nicolai Hartmann würde sagen: der Hiatus – zwischen einer rein genetischen Evolution und dem geistigen Werden einer Kultur zu sein scheint, so bleiben beide doch grundsätzlichen Spielregeln des Werdens unterworfen. Die Annahme, daß die Entwicklung einer Kultur von Einsicht und geistigem Wissen gesteuert werde und in weiser Sicherheit den Pfad zum »Höheren« hin verfolge, ist ein Irrtum. Keine der noch nicht spezifisch menschlichen Grundfunktionen wird durch ihre Integration zum begrifflichen Denken entbehrlich gemacht; keine verliert auch nur im geringsten an Bedeutung. Sie alle sind beim Menschen stärker entwickelt, als irgendeine von ihnen es bei einer Tierart ist, selbst wenn sie bei dieser die lebenswichtigste Funktion erfüllt. Neugierverhalten ist die wichtigste lebenserhaltende Leistung der Ratte – der Mensch ist noch neugieriger. Optische Wahrnehmung gestalteter Ganzheiten ist eine der wichtigsten Leistungen gewisser Vögel, aber der Mensch ist ihnen darin überlegen usw.

Der menschliche Geist ist von Elementarleistungen abhängig, vor allem vom Gleichgewicht ihres Zusammenspiels, das viel leichter gestört werden kann als jede einzelne der unentbehrlichen Teilfunktionen. Ein geringes Zuviel auf der einen Seite, ein geringes Zuwenig auf der anderen bedeutet eine Erkrankung dieses Geistes. Diese aber ist, bei dem Begriff von Geist, wie ich ihn eben definiert habe, notwendigerweise eine epidemische Erkrankung.

Die Menschheitsgeschichte teilt uns mitleidlos die Tatsache mit, daß Kulturen wie alle lebenden Systeme zugrunde gehen können. Vergleichende Studien, wie sie z. B. Oswald Spengler angestellt hat, sagen uns, daß unsere eigene Kultur am Rande des Grabes steht. Wie schon im Vorwort gesagt wurde, war Oswald Spengler genau das, was Karl Popper einen »historicist« nennt; er glaubte, das Altern und Zugrundegehen von Hochkulturen logisch vorhersagen, d. h. aufgrund einer »Logik der Zeit« und eines »natürlichen Alterns aller Kulturen« erklären zu können.

Nichts liegt dem evolutionären Erkenntnistheoretiker und auch dem Arzt ferner als Fatalismus. Deshalb bin ich verpflichtet, nach Ursachen des Verfalls unserer Kultur zu fahnden und, soweit sie erkennbar sind, Gegenmaßnahmen vorzuschlagen. In meinem Buch »Die Rückseite des Spiegels« habe ich in dem Kapitel, dessen Titel dem des vorliegenden Abschnittes gleich ist, darzutun versucht, in wie vielen Punkten die Entwicklung einer Kultur derjenigen einer Tier- und

Pflanzenart analog ist. Diese Vorgänge spielen sich auf sehr verschiedenen Ebenen ab; dennoch sind beide Systeme »Unternehmen mit gekoppeltem Macht- und Wissensgewinn«.

Die Analogien zwischen den beiden verschiedenen Arten der Entwicklung gehen so weit, daß sich analoge Methoden ihrer Erforschung ausgebildet haben. Die Kulturgeschichte und insbesondere die historische Sprachforschung verwenden dieselben Methoden wie die Stammesgeschichtsforschung, um aus Ähnlichkeit und Unähnlichkeit der gegenwärtig lebenden Systeme ihre Abstammung zu erforschen und sich Vorstellungen von der gemeinsamen Ahnenform zu bilden. Bis ins vorige Jahrhundert haben Geschichtsphilosophen versucht, an der Theorie einer einheitlichen historischen Entwicklung festzuhalten. Arnold Toynbee und andere haben gezeigt, daß die Entwicklung menschlicher Kulturen einen genauso regellos verzweigten Entscheidungsbaum darstellt, wie ich es in meinem Lehrbuch für den Lebensstammbaum zu zeigen versuchte.

Meines Wissens ist Erik Erikson der erste gewesen, der auf die Parallelen zwischen der Verzweigung des Artenstammbaumes und der historischen Kulturentwicklung hingewiesen hat. Er hat den treffenden Ausdruck »pseudo-speciation«, also »Quasi-Artenbildung« geprägt. Kulturgruppen verhalten sich in vieler Hinsicht zueinander wie verschiedene, aber sehr nah verwandte Tierarten. Die nahe Verwandtschaft muß betont werden, weil in keinem bekannten Fall zwei menschliche Kulturen sich in ihrer ökologischen Entwicklung so weit voneinander entfernt haben, daß sie, ohne einander Konkurrenz zu machen, im gleichen Lebensraum existieren könnten, wie es z. B. zwei nahe verwandte Entenarten, Löffelente und Stockente, ohne weiteres können. In dem erwähnten Buch habe ich in den Abschnitten über kulturgeschichtliche Ritenbildung und kulturelle Invarianz der wirklichen Leistungen gesprochen, die zur Begrenzung kultureller Gruppen beitragen und sie als Einheiten konstituieren.

Vererbung und Veränderung in der Kultur

Man ist heute so daran gewöhnt, unter Vererbung den genetischen, d. h. biologischen, Vorgang zu verstehen, der stammesgeschichtlich erworbene Information den Nachkommen übermittelt, daß man den ursprünglichen, juristischen Sinn des Wortes Vererbung zu vergessen geneigt ist. An ihn zu erinnern ist deshalb nötig, weil im Werden einer Kultur die unveränderte Weitergabe gewisser zur Tradition gewordener, also nicht genetisch fixierter Verhaltensnormen eine sehr ähnliche Rolle spielt wie die unveränderte Weitergabe genetischer Information in der Phylogenese. In der Kultur ist das Abweichen von diesen Normen für das Fortschreiten der Entwicklung ebenso unentbehrlich wie die Veränderungen des Erbbildes in der Phylogenese.

Die ritualisierten Normen sozialen Verhaltens, die uns durch die Tradition unserer Kultur überliefert werden, stellen ein kompliziertes stützendes »Skelett« der menschlichen Gesellschaft dar, ohne das keine Kultur zu bestehen vermag. Wie alle Skelettelemente können auch die der Kultur ihre »stützende« Funktion nur um einen hohen Preis ausüben: Sie müssen nämlich stets gewisse Grade der *Freiheit* ausschließen. Ein Wurm kann sich an jeder Stelle seines Körpers biegen; wir können unsere Glieder nur an jenen Stellen bewegen, an denen Gelenke vorhanden sind. Jede Änderung der stützenden Struktur hat einen Abbau gewisser Teile zur Voraussetzung, bevor ein Aufbau in neuer und erhofftermaßen besser angepaßter Weise möglich ist. Zwischen Abbau und Wiederaufbau liegt notwendigerweise eine Phase vergrößerter Verwundbarkeit. (Eine Illustration dieses Prinzips ist die Häutung der Krebse, die ihr Außenskelett abwerfen müssen, damit ein größeres wachsen kann.)

Unsere Spezies hat, wie ich glaube, einen eingebauten Mechanismus, dessen lebenserhaltende Wirkung darin besteht, kulturelle Strukturveränderungen möglich zu machen, ohne die gesamte, in der Kulturtradition enthaltene Information dadurch zu gefährden. Ähnlich wie die Mutationsrate genau bemessen sein muß, um die Stammesentwicklung einer Spezies nicht zu gefährden, so muß auch in jeder Kultur das Maß möglicher Veränderungen begrenzt sein. Junge Menschen beginnen mit Herannahen der Pubertät ihre Bindung an die Riten und Normen sozialen Verhaltens zu lockern, die ihnen durch die Familientradition überliefert sind. Gleichzeitig werden sie für neue Ideale empfänglich, die sie zu ihrer eigenen Sache machen können und für die sie vor allem kämpfen wollen. Diese Mauser oder Häutung traditioneller Ideen und Ideale ist eine kritische Phase in der Individualentwicklung des Menschen und bringt Gefahren mit sich. In dieser Entwicklungsphase ist der junge Mensch besonders anfällig für Indoktrinierung.

Dennoch ist diese gefährliche Phase in der Ontogenese des Menschen unentbehrlich, denn sie bietet eine der Möglichkeiten zu Veränderungen in der großen Erbschaft der kulturellen Tradition. Die Krise der Wertung von Idealen ist wie eine offene Tür, durch die neue Gedanken und Erkenntnisse Eintritt erhalten und in die Strukturen einer Kultur integriert werden können, welche ohne diesen kritischen Vorgang allzu starr wäre. Die kultur- und damit lebenserhaltende Funktion dieses Mechanismus hat jedoch eine Art Gleichgewichtszustand zwischen der Unveränderlichkeit alter Traditionen und der Anpassungsfähigkeit zur Voraussetzung, in dem sie nicht umhin kann, gewisse Teile der traditionellen Erbschaft über Bord zu werfen. Ganz wie in der biologischen Entwicklung der Arten bewirkt ein Übergewicht des Konservativen auch in der Entwicklung von Kulturen die Entstehung von »lebenden Fossilien«, ein Übermaß der Veränderlichkeit dagegen die Entstehung von Abnormitäten. Als Beispiel solcher Fehlentwicklung sozialen Verhaltens seien die Erscheinungen des Terrorismus und so mancher abwegiger Sekten genannt.

Der in Rede stehende Mechanismus, dessen Funktion es ist, die im Laufe der Kulturentwicklung angehäufte traditionelle Information weiterzugeben und gleichzeitig die Türe für neuen Informationserwerb zu öffnen, ist in unserer westlichen Kultur offensichtlich aus dem Geleise geraten, wie die Häufigkeit der eben erwähnten Monstrositäten beweist. Sehr viele heutige junge Menschen scheinen zu glauben, die gesamte, in unserer kulturellen Tradition enthaltene Information sei entbehrlich. Sie »schütten die Eltern mit dem Bade aus«; sie stehen der älteren Generation überaus kritisch gegenüber. Diese Gegensätze zwischen den Generationen haben ihre Ursache zweifellos in der Schnelligkeit der Entwicklung unserer technologisch orientierten Kultur. Der Abstand zwischen den Interessen einer Generation und der nächsten wird immer größer. Wie Thomas Mann in »Joseph und seine Brüder« so herrlich dargestellt hat, war in biblischen Zeiten der kulturelle Schritt von einer Generation zur nächsten so klein, daß die Identifikation mit dem Vater nicht nur selbstverständlich war, sondern so weit gehen konnte, daß man sich tatsächlich für diesen selbst hielt und seinen Namen annahm. Mit der sprunghaften Zunahme des Entwicklungstempos unserer Zivilisation werden die Generationen einander immer unähnlicher.

Auch ist es eine nicht wegzuleugnende Tatsache, daß die Menge von Tradition, die von jeder Generation über Bord geworfen werden muß, von Generation zu Generation zunimmt. Vor wenigen Jahrzehnten konnte man z. B. die in dem britischen Spruch »Right or wrong, my country« ausgesprochene Maxime noch hinnehmen, heute kann man das nicht mehr moralisch verantworten.

Während die Generationen einander bei allen Zivilisationsvölkern immer unähnlicher und fremder werden, werden auf der ganzen Erde die Menschen derselben Generation einander immer ähnlicher. Der Ausbau weltweiter Transport- und Verkehrsmöglichkeiten und die immer weiter verbreiteten Medien lassen sozusagen den Erdball kleiner werden. Eigenschaften, die eben noch als Nationaleigenschaften angesehen werden konnten, verschwinden. Noch vor wenigen Jahren konnte man Deutsche, Engländer und Amerikaner am Schnitt ihrer Kleider mit Sicherheit unterscheiden; heute ist das unmöglich. Vor allem die Jugendlichen aller Industrieländer sind einander im äußeren Habitus ähnlich geworden.

Die emotionale Bindung einer neu entstandenen Gruppe an die eigenen Symbole und Ideale läßt sie nicht sehen, wie groß der Wert des wohlerprobten, überlieferten Wissens ist, auf das sie kompromißlos zu verzichten bereit ist. Es ist ein Irrtum zu glauben, daß mit dem Über-Bord-Werfen einer alten Kultur ganz selbstverständlich und sofort eine neue, bessere entstehen werde.

Wir müssen der Tatsache ins Auge sehen, daß keine zweckgerichtete Vorherbestimmung des Weltgeschehens unsere Kultur schützt. Wir müssen uns darüber im klaren sein, daß dem Menschen selbst die Verantwortung auferlegt ist, seine Kultur vor Fehlentwicklungen ebenso wie vor dem Erstarren zu bewahren.

Die Ungeplantheit der Kulturentwicklung

Kulturen entwickeln sich, ganz wie andere lebende Systeme, jede für sich, auf eigene Rechnung und Gefahr und ohne jeden präexistenten Plan. Es fällt vielen Menschen schwer, die Tatsache einzusehen, daß die Entwicklung menschlicher Kulturen »zum Höheren hin« keineswegs ausschließlich durch menschliche Wertempfindungen, menschliche Einsicht und menschlichen guten Willen gesteuert wird.

Wir übersehen heute keineswegs alle Faktoren, die unsere kulturelle Entwicklung beeinflussen. Es steht dringend zu hoffen, daß Wertempfindungen unter ihnen eine immer größere Rolle spielen werden. So wie die Dinge auf unserem Planeten heute liegen, scheint es aber, daß auch in der Kulturentwicklung das Spiel von allem mit allem ohne bestimmte Zielsetzung, sondern nur aufgrund der allgemeinen Beschaffenheit des Lebendigen, in die von uns bewertete Richtung drängt. Es ist die Vielfältigkeit des Selektionsdruckes, die Mannigfaltigkeit der Ansprüche, die das große organische Werden nach oben drängt. Nach Hans Freyer war ein sehr plötzliches Aufblühen von Hochkulturen dort zu verzeichnen, wo verschiedene Kulturen, z. B. ackerbauende und nomadische, aufeinanderstießen. Wir müssen die ernüchternde Tatsache zur Kenntnis nehmen, daß es nicht nur die Ideale und Wertempfindungen unserer Besten sind, die die Entwicklungsrichtung unserer Kultur bestimmen. Diese Richtung scheint vielmehr den uralten Faktoren zu unterliegen, die schon in der Stammesgeschichte unserer vormenschlichen Ahnen am Werke waren.

Es wurde schon in vorhergehenden Abschnitten auseinandergesetzt, daß ein schöpferisches Geschehen offenbar nur dann möglich ist, wenn am »Spiel von allem mit allem« *viele* Mitspieler beteiligt sind. Das war früher auch in der Entwicklung der Kulturen der Fall, wie Freyer dargestellt hat. Heute aber gibt eine einzige »Kultur« den Ton an: Alle hochzivilisierten Völker der Erde kämpfen mit denselben Waffen, bedienen sich derselben Technologien und – was wohl das Entscheidende ist – handeln auf demselben Weltmarkt und versuchen mit denselben Mitteln, einander zu übervorteilen.

Mit einem Wort: es herrschen im Hinblick auf die Aussichten einer Weiterentwicklung unserer Kultur nahezu analoge Bedingungen, wie sie für die Weiterentwicklung einer Tierart vorliegen, wenn *intra*spezifische Selektion am Werke ist. Die Aussichten sind also äußerst trübe.

Im Kapitel über die Vorgänge des schöpferischen Werdens müssen auch jene besprochen werden, die sich im Gehirn des Menschen und – auf kollektiver, sozialer Ebene – im Menschengeist abspielen. In einem ganz besonderen Sinne sind nämlich die kreativen Vorgänge, die im Menschen, und nur im Menschen, vor sich gehen, ein Spiel. Friedrich Schiller hat gesagt, daß der Mensch nur dann ganz Mensch ist, wenn er spielt. Wenn Manfred Eigen sein bahnbrechendes Werk »Das Spiel« genannt hat, so bedeutet dies eine Gleichsetzung des schöpferischen Prinzips mit einer Auseinandersetzung von sehr vielen Einzelsystemen, aus deren Mannigfaltigkeit und nach den unbegreiflicherweise vorgegebenen Spielregeln etwas geschaffen wird, das wir als etwas Höheres empfinden – empfinden müssen –, als es die Elemente waren, aus denen es entstanden ist.

Das Neugierverhalten ist schon auf der Ebene des Tieres nur sehr schwer vom Spielen zu trennen, und die nahe Verwandtschaft von Forschen und Spielen wurde mir niemals klarer vor Augen geführt als in jenem glücklichen Sommer, in dem Niko Tinbergen in Altenberg war und in dem wir mit dem Eiroll-Verhalten der Graugans spielten, über das wir dann eine wissenschaftliche Arbeit geschrieben haben. Als Benjamin Franklin elektrische Funken aus der feuchten Drachenschnur gezogen hat, war das ganz sicher kein zweckgerichtetes Verhalten, das die Erfindung des Blitzableiters zum Ziel hatte.

Die stark anziehende Wirkung eines Zieles hemmt die Fähigkeit des »Herumspielens« mit Faktoren, aus deren Kombination sich eine Problemlösung ergeben könnte. Wolfgang Köhler erzählt von seinem Schimpansen Sultan, wie er sich von dem Problem, zwei Teile einer Angelrute zusammenzustecken, um eine Banane heranzuholen, die mit keinem der Teile allein erreichbar war, abwandte und »ziellos« mit den beiden Stöcken spielte. Als er dabei herausfand, daß sie sich ineinanderstecken ließen, erkannte er allerdings sofort, daß er nun ein Werkzeug besaß, mit dem er sein Ziel erreichen konnte.

Ähnliche Vorgänge haben sich wahrscheinlich bei jeder Erfindung eines Werkzeugs abgespielt. Danach aber stellte sich bei der Herstellung des nunmehr bekannten Werkzeugs ein rein zweckgerichtetes Verhalten ein, das wir Arbeit nennen. Arbeit kann, wie wir im 8. Kapitel besprechen werden, durch die »Funktionslust«, die Freude am eigenen Können, zu einem Selbstzweck werden, was gewisse Gefahren heraufbeschwört. Hier aber, im Kapitel über schöpferische Vorgänge, beschäftigt uns eine andere Freude am Können: Der Mensch, der über verschiedenartige gekonnte Bewegungen verfügt, kann gar nicht umhin, mit ihnen zu spielen, und aus Können und Spielen entsteht die *Kunst*. Die ursprünglichste Kunst war wohl der Tanz, dessen Urformen sich schon beim Schimpansen andeuten. Aber auch bei jeder zweckgerichteten Handlung kann sich das Spielen in die Kette der Geschehnisse einschalten, und bei der Herstellung eines Gebrauchsgegenstandes mag der Arbeitende sich nicht davon zurückhalten lassen, unnötige, aber *schöne* Verzierungen an seinem Erzeugnis anzubringen. Der vom *Homo faber* hergestellte Gegenstand gewinnt durch die schöpferische Kraft des *Homo ludens* ein merkwürdiges Eigenleben. In religiöser Hinsicht verselbständigt er sich zum Kultobjekt, wie Hans Freyer es beschrieben hat. Allerfrüheste Kunstgegenstände sind ganz offensichtlich sakraler Natur.

Karl Bühler hat immer betont, daß Wahrnehmen eine *Aktivität* ist. Jede kognitive Leistung ist es im gleichen Sinne wie auch jedes explorative Verhalten. Die Abbildung der realen Außenwelt, die in jedem Organismus zustande kommt, ist unvollkommen und verschieden, gibt aber dem Organismus – sei es nun ein Pantoffeltierchen oder ein Mensch – Informationen, die einander, wenn man sie vergleicht, nie widersprechen und die sich nur durch ihren größeren oder geringeren Gehalt an Einzelheiten unterscheiden. Immer aber erhält der Organismus diese Informationen, indem er etwas *tut*.

Aus dem explorativen oder Neugierverhalten entwickelt sich beim Menschen phylogenetisch wie ontogenetisch die Wissenschaft. Sie ist der Kunst wesensmäßig so nahe verwandt wie das Neugierverhalten dem Spiel. Beiden gemeinsam ist eine sehr wesentliche Vorbedingung ihres

Funktionierens: Beide bedürfen, wie Gustav Bally es in der Terminologie von Kurt Lewin ausgedrückt hat, des »entspannten Feldes«. Anders ausgedrückt: Spiel und Neugierverhalten haben jeweils eigene Motivationen; weder Spielen noch Explorieren kommt je im Dienste einer anderen spezifischen Motivation vor. Der Rabenvogel, der an einem ihm unbekannten Gegenstand hintereinander ein reiches Repertoire von Verhaltensweisen abhandelt, ist von keiner der dabei ins Spiel kommenden und im »Ernstfall« die betreffenden Bewegungsmuster aktivierenden Motivationen bewegt. Er würde ganz im Gegenteil mit der spielerischen Exploration sofort aufhören, würde eine solche in ihm aufquellen.

All dies gilt im Prinzip für die menschliche Kunst und die menschliche Forschung genauso wie für das Spielen und das Neugierverhalten der Tiere. So betrachtet, gibt es, genau genommen, keine »angewandte Kunst« und noch weniger eine angewandte Wissenschaft - es gibt nur eine Anwendung der Kunst oder der Wissenschaft.

Das Gesetz »L'art pour l'art« hat allgemeinste Gültigkeit. In bezug auf die Forschung bestehen sehr ähnliche Gesetze. Die Freiheit des Spiels, die für alles schöpferische Werden auch schon in der Phylogenese Vorbedingung war, ist offenbar für die Kreativität des forschenden Menschen ebenso unentbehrlich. Der Weg zum Ziel oder zu dem, was sich nachträglich als ein erstrebenswertes Ziel erweist, führt anfangs oft in eine ganz unerwartete und scheinbar abwegige Richtung.

Schon bei einem Huhn, das zu einem hinter einem Gitter liegenden Stück Brot strebt, wird der Umweg um den Zaun herum um so schwerer gefunden, je näher am Gitter die Lockspeise liegt und je intensiver damit die Appetenz nach ihr wird. Das Ideenspiel des Forschers entbehrt eines eng definierbaren Zieles ebenso wie das Spiel der Lebensformen in der Phylogenese. Der Forscher weiß nicht, was er finden wird, seine Gestaltwahrnehmung erteilt ihm nur eine ungefähre Information, in welcher Richtung sie Interessantes »wittert«. Was dieses Interessante aber nun eigentlich ist, muß er durch ein Verfahren ermitteln, in dem Versuch und Irrtum, Hypothese und Falsifikation eine Rolle spielen, die der Funktion zu gleichen scheint, welche der Mutation und der Selektion im Spiel des organischen Werdens zukommt.

Es gibt Fragen, die der Mensch stellen darf, auch wenn er ihre Unbeantwortbarkeit voraussetzen muß, und in bezug auf solche Fragen ist ihm die Spekulation erlaubt: Ich *glaube*, daß sowohl die Kunst wie das Erkenntnisstreben des Menschen Erscheinungsformen des großen Spieles sind, in dem nichts weiter festliegt als die Spielregeln; sie sind nur spezielle Fälle des schöpferischen Geschehens, dem wir unsere Existenz verdanken. Auf dieser, einem Glauben gleichzusetzenden Überzeugung beruht auch mein Versuch, im zweiten Teil dieses Buches die Realität und die lebenserhaltende Wichtigkeit menschlicher Wertempfindungen zu erweisen.

Zweiter Teil

Die Wirklichkeit des »nur« Subjektiven

Was in Zukunft aus der Menschheit werden wird, ist unvoraussagbar; es wird durch Vorgänge bestimmt werden, die sich ausschließlich im Menschen selbst abspielen. Alle äußeren Faktoren, die zu einer kreativen Evolution genetischer oder kultureller Art führen, sind außer Kraft gesetzt. Ob die Menschheit zu einer Gemeinschaft wahrhaft humaner Wesen werden wird oder zu einer straffen Organisation entmündigter Un-Menschen, hängt ausschließlich davon ab, ob wir uns von unseren nichtrationalen Wertempfindungen lenken lassen. Wenn wir sie ernst nehmen und ihnen als kategorischem Imperativ Gehorsam leisten sollen, müssen wir zunächst von ihrer *Wirklichkeit* überzeugt sein. Diese Überzeugung zu vermitteln ist die Aufgabe des zweiten Teils dieses Buches.

4. Kapitel

Das Leib-Seele-Problem

Die Legitimierung phänomenologischer Verfahren

Im ersten Teil dieses Buches habe ich versucht, den Irrglauben zu widerlegen, daß das Weltgeschehen vorherbestimmt und zweckgerichtet sei. Ich hielt dies für nötig, weil die Überzeugung von einer vorgegebenen Zweckbestimmtheit des Weltenlaufes den Menschen von seiner Verantwortlichkeit entlastet und damit jenem Fortschrittsglauben Vorschub leistet, der sich heute so verderblich auswirkt.

Im dritten Teil wird die Denkweise, die ich synonym als ontologischen Reduktionismus bezeichnen werde, als eine epidemische Krankheit des Geistes dargestellt, und es werden ihre speziellen soziologischen und kulturgeschichtlichen Ursachen besprochen, doch müssen einige allgemeine erkenntnistheoretische Erwägungen über die verschiedenen kognitiven Mechanismen des Menschen hier vorweggenommen werden.

Szientismus kann vereinfacht als der Glaube

definiert werden, daß nur das Realität besitzt, was in der Terminologie der exakten Naturwissenschaften ausgedrückt und durch Quantifizierung bewiesen werden kann. Demnach können Messen und Rechnen als die einzig wissenschaftlich legitimen Erkenntnisweisen des Menschen gelten. Die Ansicht, man könne eine Erkenntnis dadurch »objektiver« gestalten, daß man den Erkenntnisapparat, der sie uns vermittelt, aus der Betrachtung ausschaltet, ist falsch. Es ist dies, um ein Gleichnis zu gebrauchen, als hielte man die bunten Ränder, die ein altes, nichtachromatisches Objektiv an allen Konturen erscheinen läßt, für Eigenschaften des Objektes und nicht für solche des Aufnahmeapparats. Das klassische Beispiel einer solchen irrigen Zuschreibung von Eigenschaften ist Goethes Farbenlehre. Meines Wissens hat der Physiker P. W. Bridgman als erster das Verhältnis zwischen unserem menschlichen Erkenntnisvermögen und dem erkenntnisvermittelnden Apparat gesehen. Er hat in klaren Worten gesagt, daß der Vorgang des Wissens und das Objekt, von dem gewußt wird, gleichzeitig betrachtet werden müssen und legitimerweise nicht voneinander getrennt werden dürfen. Mein altes Paradigma eines Objektivierungsvorganges ist folgendes: Ich berühre die Wange meines Enkelkindes, und diese erscheint mir fieberheiß. Dennoch glaube ich keinen Augenblick an eine Erkrankung des Kindes, da ich weiß, daß ich, aus dem winterlichen Garten kommend, sehr kalte Hände habe und daß meine Wärmeempfindung dadurch verschoben ist. Das Wissen um diese »nur« subjektive Verschiebung meiner Wärmeempfindung ermöglicht mir also eine richtige Objektivierung einer außersubjektiven Gegebenheit.

Das In-Betracht-Ziehen des subjektiven Phänomens und seiner Eigengesetzlichkeiten ist nicht nur ganz allgemein unentbehrlich für unser Bestreben, die Außenwelt möglichst objektiv zu erfassen. Es ist auch im Speziellen unerläßlich, wenn der Mensch als erkennendes Subjekt erfaßt werden soll. Der Terminus Phänomenologie bedeutet für uns eben diese für jeden Versuch der Objektivierung nötige Erkenntnis des subjektiven Erlebens und der ihm innewohnenden Gesetzlichkeiten.

Kritik des Szientismus und seiner Kritiker

Es gibt viele Denker, die den Szientismus als Irrweg des menschlichen Geistes erkannt haben. Leider aber glauben manche von ihnen, die szientistische Weltanschauung sei eine notwendige Folge der Naturforschung, und diese sei somit als Schädling des Menschentums zu betrachten. Lord Snow spricht von Natur- und Geisteswissenschaften als von zwei Kulturen, die, einmal getrennt, miteinander nicht mehr vereinbar seien. Der Wiener Physiker Herbert Pietschmann spricht in seinem Buche »Das Ende des naturwissenschaftlichen Zeitalters« von »zwei Straßen«, von denen die eine zur Erkenntnis dessen führen soll, was richtig ist, während die andere zu dem führt, was wahr ist. Er sagt: »›Richtig‹ ist das, was bewiesen werden kann, im extremen Falle die Mathematik, aber gerade dort geht der Bezug zur Wirklichkeit verloren. ›Wahr‹ ist demgegenüber nur eine konkrete gelebte Situation, die wegen ihrer Einmaligkeit nun gerade ständig unbewiesen bleiben muß.« Pietschmann geht so weit, das System aller naturwissenschaftlichen Erkenntnis auf die Gesamtheit jener Tatsachen zu beschränken, die »intersubjektiv« vorhanden sind, d. h. nach ihrer Eigenschaft, daß jede von ihnen jedem Einzelmenschen als logisch unwiderlegbar bewiesen werden kann.

Erwin Chargaff sagt in seinem Buche »Unbegreifliches Geheimnis«: »Die großen Denker der vorsokratischen Zeit – vielleicht die tiefsten, die der Westen je gekannt hat – waren von der Unermeßlichkeit der umgebenden Welt so durchdrungen, daß ihnen jedes Messen als vermessen erschienen wäre, jedes Wägen als zu gewagt.« Chargaff sagt in scharfen Worten, daß die Naturforschung notwendigerweise zu »immer nur kleineren wägbaren Winzigkeiten« fortschreite und daß der Überblick über das Ganze dabei verlorengehe.

Bei seiner Kritik der Naturforschung nimmt Chargaff ausdrücklich die Beobachtung tierischen Verhaltens aus: »Von einem Tinbergen oder von Frisch will ich hier nicht reden, denn für mich sind das Beispiele ehrlichster Naturforschung der alten Observanz. Es müßte aber ein ungewöhnlicher Molekularbiologe sein, der diese Art von Forschung noch als Biologie anerkennen würde.« Diese Anklage gegen die Molekularbiologen ist nicht gerechtfertigt. Sie wären keine, wenn sie sich nicht für Biologie interessieren würden, und ich persönlich kenne eine ganze Reihe, die auch in speziellen Bereichen wie dem der vergleichenden Verhaltensforschung wohlbewandert sind.

Den Kritikern der analytischen Naturforschung ist vorzuwerfen, daß sie offensichtlich selbst glauben, daß nur das Wägbare real, oder zumindest, daß alles Unwägbare unbegreiflich und grundsätzlich unerkennbar sei. Ebenso scheinen sie zu meinen, daß derlei Dinge uns Menschen nur auf dem Wege von Offenbarungserlebnissen zugänglich seien. Dabei setzen sie – ein weiterer Irrtum – offenbar das uns Unerkennbare mit dem Über- oder Außernatürlichen gleich. Zumeist empfinden sie wohl auch, zumindest unreflektiert, daß jede ursächliche Erklärung eine Entheiligung des Erklärten sei.

Man weiß, daß die rechte und die linke Gehirnhälfte des Menschen gleich wichtige Erkenntnisleistungen vollbringen. Man weiß, daß in der linken Hirnhälfte die Leistungen des logischen Denkens und der Sprache lokalisiert sind, in der rechten der Großteil der emotionellen Erlebnisse, vor allem aber auch die ganzheitliche Zusammenschau des Erlebten: sagen wir ruhig die Gestaltwahrnehmung.

Wer von der Richtigkeit und Wahrheit der Evolutionslehre überzeugt ist – ich gebrauche bewußt im Sinne Pietschmanns hier beide Ausdrücke –, der teilt weder die erkenntnistheoretische Einstellung der Szientisten noch die ihrer Kritiker. Er ist überzeugt, daß man zur Naturforschung der Gestaltwahrnehmung bedarf, aber er weiß, daß mit dieser Wahrnehmung die wissenschaftliche Arbeit eigentlich erst beginnt: nämlich die Aufgabe, den Nachweis ihrer Richtigkeit, hier im Sinne Herbert Pietschmanns, zu erbringen.

Wer davon überzeugt ist, daß der Weltbildapparat des Menschen, der »perceptive apparatus« Karl Poppers, in äonenlanger Entwicklung und in Anpassung an eine reale Außenwelt entstanden ist und im Zuge dieses Werdens gewaltige Mengen von Information gespeichert hat, die es ihm erlauben, die äußere Realität tatsächlich einigermaßen adäquat abzubilden, kann keinem der beiden hier diskutierten reziproken Irrtümer verfallen. Schon Charles Darwin hat das klar gesagt: Erstaunlich ist nicht, wie viele Dinge sich der Erkenntnis entziehen, sondern wie viele höchst komplizierte und dem praktischen Leben fernstehende Dinge sich immerhin von unserem Weltbildapparat abbilden lassen.

Für den evolutionären Erkenntnistheoretiker ist die Frage nach der Kluft zwischen den zwei Kulturen Lord Snows und den zwei Straßen Herbert Pietschmanns ein Scheinproblem, das vor allem daraus entsteht, daß selbst diese Gegner des szientistischen Reduktionismus den Gültigkeitsbereich von Logik und Mathematik überschätzen. Wenn man diese Erkenntnisfunktionen nicht für die einzig legitimen hält und den nichtrationalen Leistungen unseres Erkenntnisapparates, einschließlich der Gestaltwahrnehmung, die Bedeutung beimißt, die ihnen zukommt, wundert man sich nicht mehr über die Widersprüche zwischen den verschiedenen Ergebnissen unserer vielfachen kognitiven Leistungen. Werner Heisenberg hat gesagt, daß die Gesetze der Mathematik nicht Gesetze der Natur, sondern solche eines ganz bestimmten Mechanismus menschlichen Erkennens seien.

Die scheinbare Unvereinbarkeit der von verschiedenen voneinander unabhängigen kognitiven Leistungen vermittelten Erkenntnisse, vor allem die Inkompatibilität des logischen Denkens und der Gestaltwahrnehmung, wird durch typologische Verschiedenheiten der Forscher gefördert. Die von Chargaff und Pietschmann kritisierten Analytiker sind offenbar häufig weniger begabt, Zusammenhänge innerhalb komplexer integrierter Systeme zu »sehen«. Bei Goethe, dem großen Seher, war es umgekehrt. Er verachtete das analytische Denken und seine Ergebnisse. Offensichtlich wenden sich die logisch-analytisch begabten Menschen und diejenigen, deren Gestaltwahrnehmung auf größere Systeme anspricht, mit einer gewissen Regelmäßigkeit verschiedenen Forschungszweigen zu, was die Verständigung weiter erschwert. Wer die Wahrheit in sich aufgenommen hat, daß der menschliche Erkenntnisapparat ein im Laufe der Evolution entstandenes System ist, empfindet es nicht wie Erwin Chargaff als Widerspruch gegen das Prinzip der Naturwissenschaft, daß wir von »unbegreiflichen Geheimnissen« umgeben sind. Für ihn ist »unbegreiflich« nicht »über-« oder »außernatürlich«. Es gibt tatsächlich »eine schier unendliche Menge von Dingen, die durchaus natürlich und dennoch für unser Hirn völlig unbegreiflich sind«, wie Carl Zuckmayer seinen Rattenfänger so schön sagen läßt. Das primitive, in prinzipiell unvoraussagbarem Maße vereinfachte Abbild, das unser Erkenntnisapparat uns von der realen Außenwelt vermittelt, kann man etwa mit dem Wissen vergleichen, das ein Eskimo über die Biologie der Robben oder Wale besitzt, von denen er lebt. In seinem Bilde werden vor allem die Eigenschaften des Beutetieres aufscheinen, die für ihn als Jäger von Belang sind. Wenn wir uns die Lebensweise unserer Ahnen zur Zeit der Menschwerdung und die verschiedenen Arten des Selektionsdruckes, die damals auf die Evolution ihres Weltbildapparates eingewirkt haben, vergegenwärtigen, so wundern wir uns nicht darüber, daß uns auch heute noch sehr vieles unerkennbar bleibt. Wir wundern uns vielmehr darüber, daß unser archaischer Weltbildapparat Dinge abzubilden vermag, die für unsere Vorfahren noch vor wenigen Jahrhunderten überhaupt keine Bedeutung hatten. Wir wundern uns über die universelle Anwendbarkeit unserer Denk-

und Anschauungsformen, die in unserem Gehirn ein Modell der umgebenden räumlichen Struktur entstehen lassen, das sogenannte zentrale Raummodell, oder der abstrahierenden Leistung unserer Gestaltwahrnehmung, deren Funktionen es unserem begrifflichen Denken gestatten, die ursprünglichen Grenzen des Vorstellbaren, der Anschauungsformen und Denkkategorien zu transzendieren und Unvorstellbares zu denken.

Wenn man sich diese eigentlich banalen Selbstverständlichkeiten der evolutionären Erkenntnistheorie zu eigen gemacht hat, wundert man sich auch nicht darüber, daß unser Weltbildapparat manchmal *zwei* unterschiedliche Empfangsmechanismen zur Abbildung *einer* außersubjektiven Gegebenheit entwickelt hat. Es stürzt uns also nicht in logische Schwierigkeiten, wenn wir innewerden, daß uns dasselbe an sich Seiende, je nach dem Weg, auf dem wir an es herankommen, als etwas völlig Verschiedenes erscheint: Zum Beispiel wird das Elektron einmal als Körperchen, das andere Mal als Welle abgebildet, und es kann – um den Widerspruch auf die Spitze zu treiben – an zwei Orten zu gleicher Zeit sein. Unser Bedürfnis nach Logik schreit Zeter und Mordio, doch müssen wir uns an dergleichen gewöhnen. Die genetisch programmierten »Empfangsapparate«, die uns Informationen über die außersubjektive Wirklichkeit vermitteln, gleichen Fenstern, die uns Blicke in verschiedene Richtungen ermöglichen oder uns zwei völlig verschiedene, scheinbar in keinem logischen Zusammenhang stehende »Seiten« derselben Wirklichkeit sehen lassen. Physiologische und psychische Vorgänge sind in dieser – wie Max Hartmann sagt – a-logischen Weise miteinander identisch. Materie und Energie sind es ebenso, und von Raum und Zeit gilt das gleiche.

Da wir wissen, daß die ganze Organisation unseres Denkens wie alle anderen organischen Strukturen im Verlauf der Stammesgeschichte entstanden ist, sind wir weit davon entfernt, ihren Aussagen absolute Gültigkeit zuzuerkennen. Andererseits wird unser Vertrauen in sie dadurch gestärkt, daß zwei physiologisch voneinander verschiedene Erkenntnisweisen zu übereinstimmenden Resultaten kommen: Es sind das die abstrahierenden Leistungen, die von der Gestaltwahrnehmung einerseits und der logisch-rationalen Schlußfolgerung andererseits vollbracht werden. Die funktionelle Ähnlichkeit ist so groß, daß der Entdecker dieser Vorgänge, Hermann Helmholtz, diese Leistung der Wahrnehmung für unbewußte Schlußfolgerungen hielt. In Wirklichkeit sind die komplexen Verrechnungsvorgänge der Wahrnehmung physiologische Prozesse, die der Selbstbeobachtung nicht zugänglich sind. Unter den sogenannten Konstanzphänomenen sei das der Farbkonstanz als Beispiel erwähnt. Dieser »Computer« errechnet die einem Gegenstand anhaftenden Reflexionseigenschaften aus zwei Größen, nämlich aus der im Augenblick herrschenden Farbe der Beleuchtung und aus den vom Gegenstand im Augenblick reflektierten Wellenlängen. Das Ergebnis wird dem Erleben unmittelbar als »die Farbe des Gegenstandes« gemeldet. Man weiß, daß dieser Verrechnungsvorgang nicht von der Ratio geleitet wird; Karl von Frisch hat gezeigt, daß die Honigbiene über den gleichen Mechanismus verfügt wie der Mensch. Wenn man die »Prämissen« solcher Verrechnungsvorgänge im Experiment fälscht, erhält man entsprechende voraussagbar falsche Wahrnehmungen. Die meisten sogenannten optischen Täuschungen beruhen, wie Erich von Holst nachgewiesen hat, auf eben diesem Prinzip. Egon Brunswik nannte diese Leistungen der Wahrnehmung *ratiomorph*, um ihre Analogie zu rationalen Vorgängen, aber auch ihre psychophysiologische Andersartigkeit auszudrücken.

Die Analogie der rationalen Vorgänge des auch von den radikalsten Szientisten als wissenschaftlich legitim anerkannten Denkens und der ratiomorphen Leistungen der Wahrnehmung ist ein sehr zwingendes Argument dafür, daß auch kognitive Leistungen, die sicher nicht rationaler Natur sind, als legitime Quellen wissenschaftlicher Erkenntnis anerkannt werden müssen. Rationale und ratiomorphe Vorgänge bilden ein weiteres Beispiel dafür, daß unser Erkenntnisapparat nicht selten zwei verschiedene, unabhängig funktionierende Organe zur Bewältigung derselben Aufgabe ausgebildet haben kann.

Eine kognitive Leistung zu vernachlässigen bedeutet einen Wissensverzicht – und das ist der größte Verstoß gegen den Geist der Wahrheitssuche, den ein Forscher begehen kann. Das Vorgehen der Behavioristen, die auf die Erlebnisseite des Verhaltens als Wissensquelle verzichten, kann mit dem eines Menschen verglichen werden, der aus unerforschlichen Gründen ein Auge dauernd geschlossen hält und sich dadurch des stereoskopischen Sehens beraubt. Das Gleichnis hinkt, da der Informationsverlust beim monokularen Sehen vergleichsweise viel geringer ist, doch leitet es zu einem anderen Beispiel über: Manche Kritiker des ontologischen Reduktionismus halten zwar beide Augen offen, sehen aber Doppelbilder, wo die wirkliche Welt eine Einheit ist. Lord Snow sieht zwei unvereinbare Kulturen, Herbert Pietschmann zwei Straßen, deren eine zum Wahren und Schönen und deren andere zum wissenschaftlich Richtigen führt.

Die Unbezweifelbarkeit des Erlebens

Unser *subjektives* Erleben wird merkwürdigerweise von vielen Wissenschaftlern gering geschätzt. Schon seine Definition im Brockhaus lautet: »voreingenommen, vorurteilsvoll, von zufälligen Wertungen abhängig«. Selbst Denker, die volle Einsicht in die erkenntnistheoretischen Folgen des ontologischen Reduktionismus oder Szientismus besitzen, sehen im Studium des subjektiven Erlebens, in der Phänomenologie, keine Quelle wissenschaftlicher Erkenntnis. Herbert Pietschmann sagt in seinem Buch »Das Ende des naturwissenschaftlichen Zeitalters«, daß das Bestreben der Wissenschaften, zu einem »intersubjektiven« Bild der Welt zu kommen, unser Erkenntnisstreben immer mehr vom Menschen selbst und von seinen individuellen Problemen entferne. Wenn wir »versuchen, auf das Individuum einzugehen«, sagt Pietschmann, dann begeben wir uns in die »Privatsphäre«, in den »weniger realen Teil der Wirklichkeit«, der »nur subjektiv« und daher nicht interessant ist. An anderer Stelle sagt Pietschmann: »Die Naturwissenschaft befaßt sich nur mit intersubjektiven Phänomenen und sieht vom menschlichen Individuum bewußt ab.«

Dies ist von Pietschmann zweifellos als Vorwurf gegen szientistische Denkweisen gemeint und läßt daher den Ethologen und den evolutionären Erkenntnistheoretiker ungekränkt, die eben unter Naturwissenschaft etwas anderes verstehen. Die Naturwissenschaft kann nicht nur, sondern muß schlechterdings alles, was es in der Welt gibt, zum Gegenstand ihrer Forschung machen. Der Objektivität kann man sich, wie schon in einem früheren Abschnitt auseinandergesetzt, nur durch gleichzeitige Betrachtung des menschlichen Weltbildapparates und des von ihm Abgebildeten nähern. Der Vorgang des Wissens und das Objekt des Gewußten sind legitimerweise nicht voneinander zu trennen.

Ganz abgesehen von diesen erkenntnistheoretischen Erwägungen stimmt es einfach nicht, daß das subjektive Erleben ausschließlich die Privatsphäre des Einzelmenschen betreffe. Gott sei Dank gibt es im Emotionalen und insbesondere auf dem Gebiete der Wertempfindungen Gemeinsamkeiten – Emotionen, die bei jedem normalen Menschen durch bestimmte Außensituationen ausgelöst werden, so z. B. unsere Empörung bei ernstlichen Verletzungen von Menschenrechten. Dabei spielen sicherlich auch angeborene Programmierungen eine Rolle; es gibt aber auch kulturbedingte Empfindungen von allgemeinster Verbreitung. Wilhelm Furtwängler berichtet, daß bei der ersten Aufführung eines Werkes nahezu keine Beziehung zwischen seinem Wert und seinem Publikumserfolg besteht. Symphonien und Opern, die heute allgemein geschätzt werden, sind bei ihrer Premiere durchgefallen. Auf die Dauer jedoch setze sich, so sagte Furtwängler, der wahre Wert eines musikalischen Kunstwerkes in gerechter Weise durch; er habe festgestellt, daß das große Publikum den relativen Wert verschiedener Opern ungefähr ebenso ansetze wie er selbst.

Auf genetischen Programmen beruht nicht nur der Apparat der Sinneswahrnehmungen und des logischen Denkens, der unser Weltbild malt; auf ihnen beruhen auch die komplizierten Gefühle, die unser zwischenmenschliches Verhalten bestimmen. Besonders unser soziales Verhalten ist von uraltem Erbe arteigener Aktions- und Reaktionsmuster beherrscht; diese sind zweifellos um ein Vielfaches älter als die spezifischen Intelligenzleistungen unseres Neocortex, d. h. des stammesgeschichtlich jüngsten Teils unseres Gehirns. Diese rationalen Leistungen dienen in viel höherem Maße der Auseinandersetzung des Menschen mit seiner *außer*artlichen Umwelt, und auf diesem Gebiete schadet die Vernachlässigung aller anderen Erkenntnisleistungen weniger. Der ontologische Reduktionismus und die szientistische Wissensbeschränkung haben sich hier nicht so deletär ausgewirkt wie hinsichtlich des zwischenmenschlichen Verhaltens. Vernunft und Verstand führen oft eine Scheinherrschaft über die menschlichen Emotionen. Über diese *wissen* wir einfach zu wenig, um sie zu steuern; dieses Wenige scheint heute außer Werbefachleuten und Demagogen kaum jemand anzuwenden.

Der szientistisch orientierten Naturwissenschaft ist es so gut wie verboten, von Gefühlsqualitäten zu sprechen, weil diese weder in der Sprache der exakten Naturwissenschaften definierbar noch quantitativ erfaßbar sind. Je schärfer man die menschliche Erkenntnis als dasjenige definiert, was sich in Worten ausdrücken läßt, desto deutlicher wird, wie viele wesentliche Phänomene sich nicht unmittelbar in Worten ausdrükken lassen. Ludwig Wittgenstein, der in seiner Logik dem Positivismus nahestand, sagte, er »wolle dem Denken eine Grenze ziehen oder vielmehr, nicht dem Denken, sondern dem Ausdruck der Gedanken«. Die Interpretation von K. Wuchterl und A. Hübner, daß »alles *Sprechen* vom Lebenssinn, von der letzten Wahrheit, vom

Guten und Schönen, von Gott nur fehlgehen kann, denn all dies ist zwar existent, aber unsagbar«, ist wohl richtig.

Gewiß können Erlebnisqualitäten sprachlich nicht definiert werden, wie wir später anhand der einfachen Qualität »rot« zeigen werden. Trotz dieser (nach Max Hartmann) a-logischen Beziehung zwischen physiologischen und subjektiven Vorgängen ist die Korrelation zwischen beiden so verläßlich, daß das subjektive Phänomen, z. B. die Wahrnehmung einer Komplementärfarbe, im Kontrastphänomen als verläßlicher Indikator für das parallelgehende physiologische Geschehen verwendet werden kann, wofür Erich von Holsts Arbeiten über Sinnestäuschungen den Beweis liefern. Das Argument, daß alles, was ausschließlich durch den Blick nach innen, durch Selbstbeobachtung in Erfahrung gebracht werden kann, »nur subjektiv« sei, d. h. keine objektive Realität besitze, ist inkonsequent. Wir erhalten auch beim Ablesen eines Meßinstrumentes durch subjektive Erlebnisse Kenntnis von dem Ergebnis, nämlich durch das Erleben der Wahrnehmung eines roten Zeigers, der sich auf dem Hintergrund einer schwarz-weißen Skala bewegt. Die Basis aller unserer Erfahrungen über die Außenwelt ist unser primäres Wissen; Wolfgang Metzger nennt es das »Vorgefundene«. Donald Campbell nennt es »das proximale Wissen«, im Gegensatz zum »distalen«, das wir erst durch Kombination und deduktive Auswertung der Primärerlebnisse ermitteln.

Unsere Gefühle, vor allem unsere Wertempfindungen, gehören durchwegs zur großen Sparte realer Vorgänge, die »zwar existent, aber unsagbar« sind. Sie sind in ihrer subjektiven Qualität kaum mit Worten definierbar, aber durch experimentelle Forschung faßbar: durch die Untersuchung jener äußeren Reizsituationen, in denen sie auftreten. Es besteht kein Zweifel, daß eine große Anzahl von qualitativ unverwechselbaren Gefühlen allgemein menschlich, d. h. in der Erbmasse des Menschen verankert, ist.

Die Kunst als Wissensquelle der Phänomenologie

Erlebnisqualitäten lassen sich, wie gesagt, nicht definieren, doch läßt sich auch das Unsagbare ausdrücken: der Künstler kann es. Der Tondichter, dessen Werk unmittelbar zu Herzen geht, bedarf nicht einmal des gesprochenen Wortes. Doch auch in Worten läßt sich das Unsagbare ausdrücken, wie uns die Dichtkunst belehrt.

Schon aus der Allgemeinverständlichkeit der Literatur geht hervor, daß die Dichtkunst allgemein Menschliches zum Gegenstand hat, ganz besonders die Gefühle des Menschen. Wenn wir das Gilgamesch-Epos, die Odyssee, Shakespeares Dramen oder einen Roman lesen, immer können wir die Erlebnisse der dargestellten Helden mitfühlen. Sie erleben Liebe und Haß, Freundschaft, Eifersucht, Neid, Lust und Leid, Angst und Wut, ganz wie wir.

Der Dichter kann das Erleben nur in Gleichnissen schildern. Was er anschaulich macht und wodurch er vor allem das Mitfühlen hervorruft, ist die Schilderung der menschlichen Situation, in der die betreffenden Gefühle gesetzmäßig auftreten. Diese durchaus objektiv definierbaren Reizsituationen entsprechen den ausgelösten Emotionen. Der Künstler ist in seiner Darstellung an diese relativ geringe Zahl von Situationen gebunden, für andere hat der Zuhörer ganz buchstäblich »kein Organ«. Wir können berechtigtermaßen annehmen, daß unseren Emotionen allgemein menschliche angeborene Verhaltensprogramme, vor allem angeborene Auslösemechanismen, zugrunde liegen.

Wir dürfen uns also nicht wundern, wenn in der Literatur – wiederum vom Gilgamesch-Epos bis zum modernsten Roman – dieselben Motive immer wieder verwendet werden: der Held, der die gefangene Jungfrau befreit, der Freund, der allen Gefahren trotzt, um dem Freund beizustehen; soziale Themen wie der vom Starken unterdrückte Schwache, der vom Reichen ausgebeutete Arme, das verlassene und hilfsbedürftige Kind kehren immer wieder. Nicht nur der Dichter oder Schriftsteller aus Überzeugung bedient sich dieser Motive. Auch der rein merkantile Produzent von Romanen, Dramen und Filmen versteht es, die genannten angeborenen Auslösemechanismen seines Publikums anzusprechen. Ja, er kann das zum Teil noch besser, weil er kühl mit den durchschnittlichen menschlichen Reaktionen zu rechnen weiß, die er mittels werbetechnischer Methoden erforscht hat.

Er benutzt seine Attrappen mit weniger Mitgefühl für sein Objekt als Tinbergen bei seinen Stichlingen. Der schöpferische Mensch drückt seine eigenen Gefühle aus und denkt nicht ans Publikum, der kommerzielle Produzent schöpft sein Wissen aus der Reaktion des Publikums. Der Dichter erlebt die spezifischen menschlichen Gefühle selbst, der Kunstproduzent läßt sie sein Publikum erleben. Mörus in Schillers »Bürgschaft« und der Held irgendeines Westernfilms verteidigen den gefährdeten Freund mit gleicher Selbstaufopferung.

Nach kommerziellen Richtlinien konstruierte Produkte bieten in gewisser Hinsicht sogar besonders gute Ansatzpunkte zur Erforschung unserer Gefühle. Sie zeigen nämlich, wie sehr das auslösende Objekt vereinfacht und vergröbert werden kann, ohne seine auslösende Wirkung einzubüßen. Ich kenne viele ernste und kritische Menschen, die sehr wohl empfinden, was für sie »Kitsch« und was »Kunst« ist, und die sich dennoch der Wirkung des primitivsten Kitsches nicht entziehen können.

Drei Hypothesen zum Leib-Seele-Problem

Niemand zweifelt daran, daß enge Beziehungen zwischen gewissen Vorgängen in unserem Körper und der Form bestehen, in der wir sie erleben. Wir sehen die rote Rose eindeutig in ihrer Farbe und können sie daran wiedererkennen. Wir wissen eine Menge über die Bedingungen, unter denen das Erlebnis der roten Farbe *regelmäßig* auftritt – nicht nur wenn Licht einer bestimmten Wellenlänge unser Auge trifft, sondern auch als sogenannte Kontrasterscheinung, wenn ein großer Teil der Netzhaut von der »komplementären« Beleuchtungsfarbe »Grün« getroffen wird. Dann erleben wir auf den restlichen Bezirken unserer Retina, auch wenn kein rotes Licht sie trifft, die Farbe »Rot«. Man kann ein solches Qualitätserlebnis ohne weiteres als *Indikator* für einen ganz bestimmten physiologischen Vorgang benutzen, was die Sinnesphysiologen ja immer schon getan haben. Das oben geschilderte Phänomen des Simultankontrastes ist eine Nebenerscheinung der Vorgänge, die aus Beleuchtungsfarbe und augenblicklich vom Gegenstand reflektierter Wellenlänge dessen Reflexionseigenschaften errechnen – ein typischer »unbewußter Schluß«, dessen Vorgang indes mit verstandesmäßiger Schlußfolgerung nichts zu tun hat. Die *»Isomorphie«* zwischen physiologischem und subjektivem Geschehen kann also recht weit gehen und sehr verläßlich sein.

Um diese Isomorphie zu erklären, gibt es drei erkenntnistheoretisch als gleich legitim geltende Hypothesen. Vom Standpunkt der evolutionären Erkenntnistheorie ist allerdings nur eine möglich. Die erste dieser Hypothesen ist die der *Wechselwirkung.* Man kann die physiologischen

Ereignisse für die Ursache der entsprechenden Erlebnisse halten und annehmen, daß diese ihrerseits auf das physiologische Geschehen zurückwirken. Dieser zunächst recht einleuchtende, grob kausale Zusammenhang trügt, seine Annahme geht mit einer sogenannten *metabasis eis allo genos* einher: mit einem logisch unzulässigen Hin- und Herspringen zwischen *zwei* parallel, aber logisch unabhängig voneinander verlaufenden Ketten von Vorgängen. Wenn ein Mensch z. B. von einem anderen eine saftige Ohrfeige bekommt, so malt sich dies in seinem Erleben folgendermaßen: Er empfindet Schreck und Schmerz, er ist im Augenblick tief deprimiert, sein Selbstbewußtsein ist wesentlich herabgesetzt. Innerhalb von Sekunden aber weicht seine Depression dem Zorn, sein Selbstbewußtsein fordert stürmisch nach Wiederherstellung und findet sie in der genußreichen Zurückgabe besagter Watsch'n.

Denselben Vorgang würde der Physiologe, der Erlebnisvorgänge unberücksichtigt läßt, folgendermaßen beschreiben: Eine starke Erschütterung des Kopfes und der Halswirbelsäule und gleichzeitige starke Reizung gewisser sensorischer Nervenendigungen bewirken im sympathischen Nervensystem einen ruckartigen Abfall des Tonus, der auch auf das Zentralnervensystem übergreift und eine vorübergehende Lähmung der willkürlichen Muskulatur bewirkt. Der Mensch steht für den Augenblick nicht nur wie gelähmt da, er ist tatsächlich teilweise gelähmt.

Er läßt den Kopf hängen und wird blaß, da bei Sympathikusausfall das Blut in die Bauchhöhle absinkt. Unmittelbar darauf, in einem wohlbekannten physiologischen Kontrasteffekt, springt die Sympathikuslähmung in ihr Gegenteil um, in heftige Erregung; das Blut steigt dem Menschen zu Kopfe, die eben noch eingesunkenen Augen quellen hervor, anstelle der Muskelerschlaffung tritt motorische Erregung; und schließlich werden Instinktbewegungen des Kämpfens, wie Schlagen und Beißen, ausgelöst. Die triebbefriedigende proprio- und exterozeptorische Reafferenz des eigenen Schlages führt zur Befriedigung und zum Schwinden der Erregung.

Nun ist es zwar richtig, in dem Schlag, der den Empfänger unerwartet getroffen hat, die Ursache der ganzen Geschehenskette auf der physischen wie auch auf der psychischen Seite zu sehen. Es ist aber falsch zu sagen, ein Mensch sei deprimiert, weil das Gleichgewicht zwischen Sympathikuserregung und Vaguserregung zugunsten der letzteren verschoben sei und er deshalb den Kopf hängen lasse. Kopfhängenlassen ist ja allgemein zum verständlichen Symbol der Trauer geworden, *weil* es der Ausdruck einer ganz bestimmten nervlichen Innensituation ist, die mit verläßlicher Regelmäßigkeit von den subjektiven Erscheinungen der Depression begleitet wird. *Das eine kann nicht die Ursache des anderen sein, weil es ja in gewissem Sinne dieses selbst ist, nur von einer anderen Seite her erlebt.*

Die zweite Theorie, die Lehre vom *psycho-*

physischen Parallelismus, behauptet eben ein solches Parallelgehen von zwei Ereignisketten, die grundsätzlich in keinem logischen Zusammenhang miteinander stehen. Auch die eingehendste Erforschung physiologischer und insbesondere nerven- und gehirnphysiologischer Vorgänge könnte uns dem Verständnis des Leib-Seele-Problems um nichts näherbringen. Selbst wenn wir auch auf der Erlebnisseite sämtliche der Forschung zugänglichen Vorgänge bis zur kompletten utopischen Voraussagbarkeit so genau durchschauen würden wie die physiologischen, so wären wir, wie Gustav Kramer sarkastisch gesagt hat, nur zu der Aussage berechtigt, daß der psycho-physische Parallelismus in der Tat höchst parallel sei.

Niemand bestreitet, daß alle Erlebnisvorgänge von einem nervenphysiologischen Geschehen begleitet sind, doch läßt sich dieser Satz keineswegs umkehren. Es gibt hochkomplizierte nervenphysiologische Vorgänge, die komplizierten Verrechnungsprozessen gleichkommen und doch völlig unbewußt ablaufen.

Auf der anderen Seite sagt uns die Selbstbeobachtung, daß wir sehr oft unbezweifelbare und qualitativ unverwechselbare subjektive Erlebnisse haben, die – soweit wir heute wissen – nicht mit objektivem und meßbarem physiologischen Geschehen korreliert sind. Daß selbst der flüchtigste Gedanke, das leiseste Aufquellen eines Gefühls physiologische Entsprechungen hat, läßt sich nicht beweisen. Doch kennen wir alle Übergänge von solchen »nur seelischen« Vorgängen und solchen, bei denen ein physiologisches Korrelat eindeutig nachweisbar ist. Das im Terminus psychophysischer Parallelismus ausgedrückte Gleichnis hinkt also in doppelter Hinsicht: Es gibt nervenphysiologische Vorgänge ohne merkbares psychisches Korrelat, und es gibt umgekehrt subjektive Vorgänge, deren physiologische Entsprechung nicht nachweisbar ist. Unsere Annahme, daß dieses Korrelat dennoch sehr wohl vorhanden ist, hat gute Gründe. Es ist allerdings sehr wohl möglich, daß physiologische Vorgänge von der zu erwartenden Zartheit und geringen Energie niemals nachweisbar sein werden.

Die dritte mögliche Einstellung zum Leib-Seele-Problem und die einzige, die für den evolutionären Erkenntnistheoretiker vertretbar ist, besteht in der Annahme, daß Leib und Seele, physiologisches und emotionales Geschehen schlicht *dasselbe* an sich Wirkliche seien und daß wir beides – wie Materie und Energie oder Korpuskularstrahlung und Welle – durch zwei unabhängige und inkommensurable Erkenntnisweisen erfahren.

Die Scheidewand, die zwischen den objektiv-physiologischen Vorgängen und dem Erleben gezogen ist, besteht merkwürdigerweise nur für unseren Verstand und nicht für unser Gefühl. Meines Wissens war Karl Bühler der erste, der klar erkannt hat, daß für jeden normalen Menschen die Existenz gleichgearteter und gleich empfindender Mitmenschen ebenso evident ist wie ein mathematisches Axiom. Auch idealistische Philosophen wie Kant und Schopenhauer haben die Existenz gleichartiger Mitmenschen nie bezweifelt, obwohl sie das Zeugnis der Sinne durchaus nicht für ein Abbild der äußeren Wirklichkeit hielten und obwohl sie von der Existenz gleich empfindender Mitlebewesen nur durch eben dieses, ach so verachtete Zeugnis ihrer Sinnesorgane Kenntnis hatten.

Ich behaupte nun: Wenn ich sage, dort sitzt mein Freund Hans, so meine ich damit ganz bestimmt nicht nur seine physiologisch erforschbare Körperlichkeit, noch auch sein subjektives Erleben, an dem zu zweifeln mir von der Du-Evidenz verwehrt wird, sondern ich meine ganz bestimmt *die Einheit beider.* Ich behaupte weiter, daß dies nicht nur bei mir, sondern bei allen Menschen so ist. Von den drei in diesem Abschnitt besprochenen Einstellungen zum Leib-Seele-Problem ist somit die Annahme einer *Identität* von Leib und Seele die einzig widerspruchslose.

5. Kapitel

Die Phänomenologie der Wertempfindungen

Teleonome Wertungsnormen

William McDougalls ebenso kühne wie Wesentliches treffende Annahme, daß der Mensch ebenso viele Instinkte habe wie qualitativ voneinander unterscheidbare Gefühle, ist sicher insofern richtig, als die Mehrzahl unserer qualitativ bestimmbaren Gefühle auf neuralen und sensorischen Systemen beruht, deren Struktur phylogenetisch entstanden und genetisch festgelegt ist. Nach der aphoristischen Definition von Paul Weiss ist ein System schlechterdings alles, was einheitlich genug ist, um einen Namen zu verdienen: »A system is anything unitary enough to deserve a name.« Diese Definition drückt ein hohes, aber berechtigtes Vertrauen in das Feingefühl aus, das die natürlich gewachsene Sprache für psychologische Zusammenhänge besitzt. Die Zahl qualitativ unverwechselbarer Emotionen, wie Haß, Liebe, Eifersucht, Neid, Freundschaft, Trauer, Mutterliebe, Begeisterung, Empörung, Freude, ist, wie gesagt, eng begrenzt.

Diese erlebten Qualitäten sind ebenso allgemein menschlich wie die Du-Evidenz oder die apriorischen Formen der Erfahrung. Die einzelnen angeborenen Bereitschaften zu den verschiedenen Gefühlen *sind* in der Tat angeborene Formen der Erfahrung. Sie entsprechen phylogenetisch programmierten Verhaltensnormen des Menschen, die vielleicht bei verschiedenen Kulturen auf etwas verschiedene Weise durch Tradition überlagert werden; doch ist die Aussage erlaubt, daß sie höchstwahrscheinlich zu einem arterhaltend sinnvollen System des menschlichen Gesellschaftslebens gehören, also im Sinne Pittendrighs *teleonom* sind.

Überschuß und Mangel

Der Annahme, die angeführten, emotionsgesteuerten Verhaltensnormen seien teleonom, scheint zunächst die Tatsache zu widersprechen, daß einige von ihnen positiv, andere hingegen negativ bewertet werden. Begeisterung und Freundestreue etwa werden für lobenswert, Haß und Neid für verdammenswert befunden, Mutterliebe gilt als etwas Edles, Futterneid als etwas Verächtliches, obwohl auch die beiden letztgenannten menschlichen Verhaltensweisen zum instinktmäßigen »Ethogramm« des Menschen zu rechnen sind. Dieser scheinbare Widerspruch ist, wie ich meine, dadurch zu erklären, daß wir Menschen einen feinen Sinn dafür besitzen, ob in der Sozietät, in der wir leben, an einer bestimmten Verhaltensweise Mangel herrscht oder ob sie im Überfluß »angeboten« ist. Beide, Überschuß wie Mangel, erzeugen eine Gleichgewichtsstörung des übergeordneten Systems.

Ich entnehme der Geschichte der Medizin ein Gleichnis: Unser ärztliches Verständnis für Gleichgewichtszustände, die in einem lebenden System obwalten müssen, entstand wissenschaftsgeschichtlich zum großen Teil aus dem Studium des Systems der endokrinen Drüsen und ihren Störungen. Der schweizerische Chirurg Kocher unternahm als erster den Versuch, die Basedowsche Krankheit, die durch ein Übermaß an Schilddrüsenhormon hervorgerufen wird, durch die Entfernung dieser Drüse zu heilen. Die Patienten starben daraufhin unter Erscheinungen, die denen des Myxoedems verwandt waren, das bei Jodmangel entsteht. Kocher schloß daraus richtig, daß sowohl die Basedowsche Krankheit wie das Myxoedem nur von der Menge der innersekretorischen Hormonausschüttung, d. h. von einer Über- oder Unterfunktion der Thyroxinbildung, verursacht werden. Das war der erste Schritt zur Erkenntnis, daß zwischen den Funktionen der innersekretorischen Drüsen beim Gesunden ein kompliziertes, wohlausgewogenes Gleichgewicht antagonistischer Wirkungen besteht. Wegen der heute noch nicht durchschaubaren Komplikation dieser Antagonismen ist es unverantwortlich, das System der Hormone willkürlich zu manipulieren.

Der allzufrüh verstorbene Psychiater Ronald Hargraeves schrieb mir in einem seiner letzten Briefe, er habe es sich zur Pflicht gemacht, bei jeder unbekannten Störung, die ihm begegnete, gleichzeitig zwei Fragen zu stellen: Was ist die ursprüngliche teleonome Funktion des hier gestörten Systems? Und ist die Störung vielleicht nur durch eine Über- oder eine Unterfunktion bedingt? Es gibt viele Fälle, in denen Hargraeves' »doppelte Frage« sinnvoll gestellt werden kann. Offensichtlich findet im Sinnes- und Nervensystem des Menschen und in den zahlreichen, aber immerhin zählbaren Motivationen, die es erzeugt, eine ausgewogene Wechselwirkung statt, die derjenigen analog ist, die das Gleichgewicht im System der endokrinen Drüsen aufrechterhält.

Kein vernünftiger Mensch kann bezweifeln, daß unsere westliche Zivilisation ein System ist, das aus dem Gleichgewicht geraten ist. Kein wissenschaftlich Denkender kann daran zweifeln, daß wir alle die Wiederherstellung dieses Gleichgewichts nur aufgrund einer ursächlichen Einsicht in das Zusammenspiel der normalen Funktionen und die Art der Gleichgewichtsstörung gewinnen. Eine solche Einsicht in das System menschlichen Sozialverhaltens hat zweifellos die medizinische Perspektive zur Voraussetzung. Die pathologische Störung ist also, wie am Beispiel der endokrinen Funktionen dargetan, häufig eine Hilfe für das Verständnis kausaler Zusammenhänge.

Wenn wir Menschen, wie ich vermute, einen Sinn dafür haben, welche Verhaltensformen in unserer Kultur Mangelware sind und welche überhandnehmen und Gleichgewichtszustände stören, so ist in diesem »Sinn« eine ausgesprochen teleonome Reaktionsweise zu vermuten. Dabei ist es gleichgültig, ob es sich um kulturelle, d. h. an Traditionen gebundene, oder um genetisch programmierte Verhaltensnormen handelt. Es ist durchaus möglich, daß der Sinn für Mangel und Übermaß von Verhaltensweisen uns Menschen im Laufe unserer Stammesgeschichte angezüchtet worden ist. Diese Annahme ist auch für die nun zu besprechenden Wertempfindungen von schön und häßlich, von gut und böse zulässig.

Schönheitsempfinden und Domestikation

Es besteht eine rätselhafte Beziehung zwischen unserem Empfinden für das Schöne und den schon im ersten Teil beschriebenen Domestikationserscheinungen, die an nahezu allen Haustieren und auch am zivilisierten Menschen auftreten. Bei der großen Mehrzahl aller Haustiere – seien es nun Vögel oder Säugetiere – sind im Vergleich zur Wildform die langen Röhrenknochen sowie die Schädelbasis verkürzt, das Bindegewebe ist gelockert, der Tonus der quergestreiften Muskulatur verringert; dazu besteht eine ausgesprochene Neigung zum Fettansatz. Stellt man, wie ich das in Vorlesungen zu tun pflegte, das Bild verschiedener Hausformen dem der betreffenden undomestizierten Ahnenform gegenüber, so findet nahezu jeder Mensch die Wildform »edel« und schön, die Hausform dagegen ausgesprochen häßlich. Julian Huxley spricht von einer »Vulgarisation« des Haustieres.

Es läßt sich mit ziemlicher Sicherheit vermuten, welche vom Menschen ausgeübte Selektion für die Verhäßlichung der Haustiere verantwortlich ist. Bewegungsfreudigkeit, Körperkraft und alle Verhaltensweisen, bei denen diese eine Rolle spielen, sind begreiflicherweise bei Tieren, die der Ernährung dienen, unerwünscht, die Neigung zum Fettansatz ist hingegen wünschenswert. Wo andere Arten des Selektionsdrucks am Werke waren, wie z. B. bei manchen Pferderassen und bei den Brieftauben, bleibt die Hausform ebenso »edel« wie die Wildform, ja, sie kann diese noch in den durch Domestikation gefährdeten Merkmalen übertreffen.

Es ist denkbar, daß dieser Wertschätzung der Wildformeigenschaften ein angeborener Auslösemechanismus des Menschen zugrunde liegt. Dafür spricht nämlich, daß bei Darstellung des Menschen die Wildformeigenschaften bis ins Maßlose übertrieben werden können. Künstler der verschiedensten Kulturepochen – babylonische, assyrische und griechische Maler und Bildhauer – haben genau diejenigen Merkmale des menschlichen, insbesondere des männlichen Körpers betont, die durch Domestikation gefährdet sind: breite Schultern, schmale Hüften, lange Extremitäten und starke Muskulatur. Vielleicht kann man auch hier aus der Möglichkeit der übertriebenen Ausbildung einzelner Merkmale auf das Vorhandensein eines angeborenen Auslösemechanismus (AAM) schließen? In kommerziell oder ideologisch beeinflußten Darstellungen kommt dies deutlicher zum Vorschein als in um ihrer selbst willen geschaffenen Kunstwerken. Die in solchen Darstellungen angepriesenen Proportionsmerkmale sind demnach möglicherweise domestikationsgefährdete Wildformeigenschaften. Es erübrigt sich, in Einzelheiten zu beschreiben, wie auch Proportionsmerkmale des weiblichen Körpers ins Maßlose übertrieben werden können: die Länge der Beine, die Schlankheit der Taille u. a. Die Möglichkeit, durch Merkmalübertreibung übernormal wirkende Attrappen herzustellen, ist von N. Tinbergen und G. Baerends an Tieren experimentell nachgewiesen. Als Baerends einst in einer Vorlesung einen Film zeigte, auf dem ein Austernfischer ein übergroßes, grell blau und schwarz geflecktes Ei zu bebrüten versuchte, während sein eigenes Gelege verlassen daneben lag, drückte ein zufällig anwesender amerikanischer Journalist die hier vertretene Meinung ganz richtig aus, indem er rief: »Why, that's the covergirl.«

Bewertung von Domestikationserscheinungen im Verhalten

Auf ähnliche Weise, wie unsere unreflektierten Wertempfindungen körperliche Domestikationsmerkmale negativ einstufen, empfinden wir auch gewisse Abänderungen des Verhaltens, die sich regelmäßig bei den verschiedensten Haustieren – und wohl auch bei zivilisierten Menschen – finden, als unschön und »vulgär«. Die allermeisten Haustiere sind in der Nahrungsaufnahme weniger selektiv als die wilde Ahnenform und fressen dementsprechend mehr. Ähnliches gilt bei vielen domestizierten Tierformen, Säugetieren wie Vögeln, für das sexuelle Verhalten. Die negative Wertung, die im Wort »tierisch« zum Ausdruck kommt, hat ihre Bedeutung dadurch bekommen, daß der Mensch Haustiere am besten kennt.

Studien, die Werner Schmidt und schon lange vorher ich selbst dem Vergleich zwischen der Graugans und der von ihr abstammenden Hausgans gewidmet haben, erbrachten besonders schlagende Beispiele für die Vulgarisation im sexuellen Verhalten. Bei reinblütigen weiblichen Graugänsen steht das sexuelle Verhalten unter starken Hemmungen, die nur durch lange persönliche Bekanntschaft mit dem Männchen und vor allem durch ein hochkompliziertes Ritual beseitigt werden können. Die Werbung des Ganters und die zögernde Einwilligung der Gans sind der menschlichen Paarbildung in so vielen Punkten analog, daß man sich durch ihre genaue Darstellung den Spott aller jener zuzieht, die von Analogie nichts wissen. Bei Hausgänsen und schon bei Mischlingen zwischen Haus- und Wildform sind diese Hemmungen weitgehend geschwunden; der menschliche Beobachter kann nicht umhin, die unumwundenen sexuellen Anträge, die eine Hausgans einem ihr kaum bekannten Partner macht, als etwas Vulgäres, ja Dekadentes zu empfinden. Auch unseren Mitmenschen gegenüber reagieren wir ähnlich. Die typischen Verhaltensänderungen der Domestikation empfinden wir nicht als böse, sondern als vulgär. Sie erregen nicht unser Grauen, wie ein Mord oder ein anderes Gewaltverbrechen es tut, sondern ein Gefühl anderer Qualität, nämlich des verächtlichen Abscheus.

Wenn man annimmt, daß die hochdifferenzierten Rituale der Paarbildung teleonomen Wert besitzen, woran kaum gezweifelt werden kann, dann liegt es auch im Bereich der Möglichkeit, daß wir Menschen programmierte Reaktionen besitzen, die dem Schutz und der Erhaltung bewährter, ritualisierter Formen sozialen Verhaltens dienen. Rituale dieser Art sind es ja, die gewissermaßen das Skelett der Sozietätsstruktur bilden, wobei es für unsere Betrachtung zunächst gleichgültig ist, ob diese formfesten Strukturen im Genom oder nur in der Tradition verankert sind. Bei der Graugans erlauben die bisher gesammelten Protokolle die Aussage, daß der Fortpflanzungserfolg des Individuums, gemessen an erwachsenen Kindern, die im Frühling nach ihrer

Geburt die Eltern verlassen, in geradem Verhältnis zur Dauerhaftigkeit seiner Paarbindung steht. Dazu kommt, daß bei paarbildenden und in beiden Geschlechtern brutpflegenden Wirbeltieren die Werbung eine Zurschaustellung jener Eigenschaften ist, die bei der Brutpflege und vor allem bei der Verteidigung der Nachkommenschaft eine wichtige Funktion haben. Der Ganter demonstriert Angriffslust und Mut gegenüber stärkeren Gegnern, ebenso Wachsamkeit. Das vielzitierte Triumphgeschrei ist eine ritualisierte Demonstration der Angriffsbereitschaft nach außen und der großen Zärtlichkeit gegen die Familie. Schon bei Knochenfischen, die in Dauerehe leben, findet sich ähnliches. Die Teleonomie all dieser – spätere Verhaltensweisen der Brutpflege vorwegnehmenden – Balzformen liegt offensichtlich darin, daß das Weibchen Gelegenheit hat, unter seinen Bewerbern den zu wählen, der voraussichtlich der beste Familienvater sein wird. Der Ganter prahlt außerdem mit Kraft, indem er unnötig oft auffliegt, übertrieben schnell beschleunigt und ebenso scharf bremst. Beides machen der Hengst und der junge Menschenmann in ähnlicher Form, letzterer sogar mit motorgetriebenen Fahrzeugen.

Die teleonome Wirkung dieser Verhaltensweisen hat zur Voraussetzung, daß das Weibchen einen fein differenzierten Sinn für die Qualität seiner Bewerber hat, außerdem aber auch, daß die so zustandekommende Paarbildung monogam ist, zumindest auf seiten der Weibchen. Die sorgfältige Auswahl des Gatten nach familiensoziologisch teleonomen Eigenschaften hätte wenig Sinn, wenn das Weibchen anschließend von beliebigen Männchen befruchtet würde. Für diese Auslegung der monogamen Paarbildung spricht auch, daß nur die Weibchen absolut monogam sind. Beim Ganter können die Verhaltensweisen der Begattung auch dissoziiert von denen der Paarbildung ausgelöst werden, beim Weibchen sind sie viel fester an diese gebunden.

Es wäre denkbar, daß die negativen Wertempfindungen, mit denen wir auf Vereinfachung und Auflösung mancher sozialer Verhaltensnormen, insbesondere jener des Paarbildungsverhaltens, reagieren, das Produkt einer Selektion sind, die auf Erhaltung fester Normen abzielt. Wozu allerdings unsere negative Bewertung der »unedlen« körperlichen Domestikationsformen dienen soll, ist völlig unklar.

Wertempfindungen von recht und unrecht

Auf grobe Verstöße gegen die Normen des sozialen Verhaltens sprechen wir mit einer ganz anderen Gefühlsqualität an. Der Mörder, der rücksichtslose Terrorist lösen Gefühle des Grauens und der Empörung aus; wir empfinden sie als Unmenschen, aber keineswegs als verächtlich oder »gemein«. Schon im Wort gemein steckt derselbe Sinn wie in dem Wort vulgär.

Der amerikanische Rechtsphilosoph Peter

H. Sand und ebenso Albert Ehrenzweig kommen aufgrund vergleichender Untersuchungen des Gruppenprojektes der Cornell Universität »Common Core of Legal Systems« zu der bemerkenswerten Meinung, daß das Rechtsempfinden des normalen Menschen in angeborenen Programmen verankert sei. Sie führen an, daß nachweislich in Staaten, in denen ein bestimmtes Verbrechen durch besonders strenge Gesetze geahndet wird, die Geschworenen regelmäßig dazu neigen, eine möglichst milde Strafe zu verhängen, während umgekehrt in Staaten, in denen dasselbe Verbrechen oder Vergehen vom Gesetz nur milde bestraft wird, die strengstmögliche Auslegung befürwortet wird.

Seltsamerweise kann die kategorische Frage Kants nicht ohne weiteres entscheiden, ob eine menschliche Verhaltensweise einem genetischen Programm oder einer moralischen Selbstbefragung entsprungen ist. Diese Frage lautet bekanntlich sinngemäß: Kann ich die Maxime meines Handelns zum Naturgesetz erheben, oder würde dabei Vernunftwidriges herauskommen? Die negative Bewertung des »Vernunftwidrigen« ist die Voraussetzung dafür, daß die Antwort auf die kategorische Frage zu einem Gebot, eben dem Imperativ, oder aber zu einem Verbot wird. Die kategorische Frage und eine auf sie erfolgende bejahende Antwort werden oft als Beweis dafür gewertet, daß die in Frage stehende Handlung des Menschen moralisch, d. h. der vernunftmäßigen Verantwortung entsprungen, sei. Das ist ein naheliegender Irrtum. Wenn ein Kind ins Wasser fällt und ein Mensch nachspringt und es herauszieht, dann kann er nachträglich die Maxime seiner Handlung der Kantischen Frage unterziehen und formulieren: Wenn ein erwachsener Mensch ein Kind in Lebensgefahr sieht und es ohne jede eigene Gefährdung daraus erretten kann, so tut er es. Diese Maxime, zum Gesetz erhoben, enthält keinen vernunftmäßigen Widerspruch, weil die Handlungsweise auf einem genetischen Programm beruht, das an sich schon als ein Naturgesetz gelten kann. Eine gesunde, genetisch programmierte Verhaltensnorm ist daher nicht mit Hilfe der kategorischen Frage von moralischem Verhalten zu unterscheiden, wiewohl sie auf weit einfacherem Wege zustande kommt.

Sämtliche in diesem Kapitel behandelten Verhaltensnormen des Menschen sind der Prüfung durch die Kantische Frage bedürftig. Ihre durch die rasch sich verändernden Bedingungen der heutigen Kultur verursachten Fehlleistungen können nur durch die kritische Verantwortlichkeit des Menschen gebannt werden.

Die Wertempfindungen für den Besitz

Wie schon auseinandergesetzt, betreffen Wertempfindungen niemals absolute, sondern immer nur relative Intensitäten einer Erlebnisqualität. Die relative Bedeutung von gut und schlecht haben wir bereits erörtert. Das substantivierte Wort

»Gut« bezeichnet nun allerdings einen ganz bestimmten Begriff, nämlich den eines Grundbesitzes. Die Wortverbindung »Hab und Gut« ist uns ebenso vertraut wie das Eigenschaftswort »begütert«. Das Wort »Besitz« enthält die Vorstellung des dauernden Verbleibens auf einem bestimmten Landstück. Territorialbesitz ist bei sehr vielen Tieren sicher genetisch programmiert. Das scheint für den Menschen, zumindest in seinen einfachsten Gesellschaftsformen, nicht zu gelten. Bei den Kulturen, die heute noch im Jäger-Sammler-Stadium verharren, spielt die persönliche materielle Habe offenbar nur eine recht geringe Rolle und beschränkt sich wohl meist auf einige Gebrauchsgegenstände und Waffen. Zwar verteidigen solche Kulturen die von ihren Streifzügen nach einem mehr oder weniger geregelten System berührten Gebiete bis zu einem gewissen Grade gegen Übergriffe benachbarter Gruppen; man kann jedoch, grob gesprochen, annehmen, daß eine echte Territorialverteidigung erst Hand in Hand mit dem Ackerbau entstanden ist, gleichzeitig mit einer hierarchischen Gesellschaftsordnung: der Scheidung der Menschheit in Herren und Knechte.

In Form unreflektierter Gewohnheitsrechte war sehr wahrscheinlich schon bei sehr frühen Jägerkulturen das Beutetier Besitz des Erbeuters. Dies ist interessanterweise auch beim Schimpansen so. Selbst ein untergeordneter Schimpanse, der einen jungen Pavian oder ein Antilopenkitz getötet hat, wird von ranghöheren Tieren in aller

Demut angebettelt und teilt großzügig Stücke seiner Beute an alle Mitglieder der Horde aus, wobei er allerdings nicht »gerecht« vorgeht, sondern seine Freunde bevorzugt.

Eine sehr alte Form des persönlichen Besitzes war ganz sicher das Weidetier des Nomaden. Das lateinische Wort *pecus*, von dem *pecunia* und »pekuniär« abgeleitet sind, heißt Kleintier; speziell war wohl meist das Schaf gemeint. Phänomenologie kann man am besten in Selbstbeobachtung treiben, d. h. eigene Empfindungen beschreiben und hoffen, daß man von anderen verstanden wird. Einige Spekulationen seien mir erlaubt. Meine Empfindungen der Freude daran, etwas zu »haben«, hat fast ausschließlich lebende Tiere zum Objekt. Wenn in einem Aquarium durch reinen Zufall und ohne mein Zutun eine große Schar von Fischen aufwächst und gedeiht, so bereitet mir dies tiefe Befriedigung, auch wenn diese Fische mir an sich durchaus uninteressante Salmler sind. Die Betrachtung der ständig wachsenden Schar unserer Graugänse macht mir Freude, obwohl wir unser Bestes tun, möglichst viele von ihnen auf gutem Wege loszuwerden, weil die große Zahl den für unsere Forschungsarbeiten notwendigen Überblick erschwert. Diese Selbstbeobachtungen bestärken meine Meinung, daß die positive Empfindung für das Wachsen der Herde mehr von genetischen Programmen beeinflußt ist als andere Arten der Besitzfreude.

Eine qualitativ andere Art der Freude am Haben scheint sich auf Objekte zu richten, die man sammeln und horten kann. Sie wird sehr stark ausgelöst durch Nahrungsmittel von genügender Haltbarkeit. Der Drang zum Sammeln gleichartiger Objekte ist höchstwahrscheinlich genetisch programmiert; er hat die gefährliche Eigenschaft, sich mit der Quantität des bereits Gesammelten zu verstärken. Es ist bekannt, daß leidenschaftliche Sammler von bestimmten Kunstgegenständen diesem Trieb soweit erliegen, daß sie vor kriminellen Handlungen nicht zurückscheuen. Daß die Sammelwut nach Art einer Neurose allmählich die ganze Persönlichkeit des Sammlers »auffressen« kann, ist nicht nur dem Psychiater bekannt.

Einer der gefährlichsten Teufelskreise, die das Leben der gesamten Menschheit bedrohen, entsteht dadurch, daß das Streben nach einer möglichst hohen Rangordnungsstellung, mit anderen Worten, das Streben nach Macht, sich mit der zur Neurose gewordenen Habsucht verbindet, deren Ergebnisse Macht verleihen. Es wurde schon gesagt, daß die Quantität des Angesammelten den Drang zum Sammeln steigert; die böseste gegenseitige Steigerung findet zwischen Macht und Herrschsucht statt.

6. Kapitel

Die Frage nach nicht-teleonom programmierten Wertempfindungen

Gibt es an sich Schönes?

Bei allen bisher besprochenen Wertempfindungen des Menschen ist die Vermutung berechtigt, daß sie eine für das Individuum vorteilhafte Leistung fördern, und damit auch, daß ihr Programm durch die Selektion dieser Leistungen auf typischem Wege evoluiert ist. Es gibt aber Schönes, bei dem man an einer solchen Genese zweifeln muß, ja, bei dem die Erklärung durch Selektion stark gekünstelt erscheint. Hier muß an vieles erinnert werden, was im 3. Kapitel über schöpferische Evolution und über den *Homo ludens,* den schöpferischen Menschen, gesagt wurde. Der Mensch ist zweifellos imstande, nie dagewesene Harmonien zu schaffen, gleichzeitig auch dazu, sie wahrzunehmen. Auch die Wahrnehmung ist, wie schon Karl Bühler betont hat, eine Aktivität des Menschen. In der menschlichen Kunst gibt es ohne Zweifel Schönes, dessen Existenz nicht im definierten Sinne teleonom ist.

Viel schwerer zu beantworten ist die Frage, warum es selbst auf den niedrigeren Ebenen pflanzlichen und tierischen Lebens soviel für uns Schönes gibt, das offensichtlich keinen Arterhaltungswert zu haben scheint. Viele Schmetterlinge haben eine wunderschöne farbige Zeichnung mit unzähligen Einzelheiten, die ganz sicher weder vom Artgenossen gesehen wird noch Feinde abschrecken kann. Die Zeichnungen der Federn von Fasanenhennen und anderen schutzfarbigen Vögeln sind, aus der Nähe betrachtet, sehr farbenprächtig und regelmäßig, wiewohl der Selektionsdruck, der sie hervorbrachte, darauf gerichtet war, sie der unregelmäßig chaotischen Färbung des Hintergrundes möglichst ähnlich zu machen. Sind sie so schön und regelmäßig, wie es der Selektionsdruck erlaubt? Wo der Selektionsdruck bunte Farben und Formen begünstigt, die durch ihre Regelhaftigkeit noch auffallender gemacht werden, will es scheinen, als ob sich die Organismen in tollen Kunstwerken »ausleben« würden.

Schönheit und teleonome Zweckmäßigkeit sind also keine Widersprüche, aber gerade weil es in der organischen Natur aus der Sicht des Menschen echte Schönheit gibt, die keinerlei Teleonomie zu besitzen scheint, ist es wesentlich, ihre Existenz zur Kenntnis zu nehmen. Wenn man jedoch wie Adolf Portmann die märchenhafte Buntheit von Hinterkiemenschnecken als »Selbstdarstellung« der Organismen erklärt, verschleiert man die Tatsache, daß diese mit Kleptokniden ausgestatteten Wesen aus ihrer Farbenpracht Gewinn ziehen: Jeder Freßfeind, der je zu seinem Schaden versuchte, sie ins Maul zu nehmen, behält ihre prägnanten Farben unweigerlich im Gedächtnis.

Das Problem des nicht zweckgebundenen Schönen wird mir täglich durch ein anderes Phänomen nahegebracht: durch das Lied eines Vogels. E. Tretzel (1965) berichtet über eine Leistung, die zu tiefstem Nachdenken Anlaß gibt. Eine Haubenlerche (*Galerida cristata* L.) ahmte die Pfiffe eines Schäfers nach, der damit seinem Hund Befehle erteilte. Die Pfiffe des Schäfers fielen so verschieden aus, daß sie, im Sonagramm übereinander gezeichnet, wegen ihrer »Entgleisungen« und abweichenden Intonationen ein völlig verwirrendes Bild ergaben. Die Lerche vollbrachte nun folgende Leistung: Sie transponierte die Pfiffe in eine ihr leichterfallende, höhere Tonlage und »abstrahierte« aus den stark variierenden und in den Intervallen oft stark unharmonischen Pfiffen des Schäfers jene Form, die, wie Tretzel sagt, »unserem musikalischen Empfinden am nächsten kommt. Fast möchte man sagen, sie hat die ›Idee‹, die Idealgestalt dieses Motives erfaßt und pfiff es so, wie der Schäfer es wohl gedacht hat, aber nur selten zustande bringt. Die Lerche trug alle Schäferpfiffe außerdem viel reiner und musikalischer vor, schlanker im Ton und eleganter in der Tonfolge. Sie hat die Pfiffe gleichsam musikalisch veredelt.«

Seit mehr als einem Vierteljahrhundert teile

ich mein Zimmer mit Schamas, einer Vogelart, die nach Aussage meines Lehrers Oskar Heinroth und nach meiner eigenen Erfahrung unter allen Singvögeln der größte »Künstler« ist. Die Schama (*Copsychus malabaricus*) wird meist fälschlich als Schamadrossel bezeichnet. Johannes Kneutgen hat über den Gesang dieses Vogels und seine Analogie zur menschlichen Kunst gearbeitet. Es ist eine erstaunliche Tatsache, daß dieser Vogel die komplexesten und schönsten Harmonien hervorbringt, wenn er *spielt.* Der Gesang aller Sperlingsvögel hat eine gewisse Verwandtschaft zum Spiel, und zwar um so mehr, je besser die betreffende Art zur Nachahmung befähigt ist. Der in Ruhe dasitzende, in lockerer Gefiederhaltung beinahe schläfrig wirkende Vogel »spielt« mit immer neuen Kombinationen gekonnter Laute. Auch diese einzelnen, schon für sich genommen schönen Töne sind von Lernvorgängen abhängig. M. Konishi hat nachgewiesen, daß viele Singvögel überhaupt keine reinen Töne zustande bringen, wenn sie in früher Jugend taub gemacht werden und sich selbst nicht hören können.

So wie das menschliche Kunstschaffen entscheidende Wertverluste erleidet, wenn es irgendwelchen Zwecken dienstbar gemacht wird, so verliert auch der Gesang der Schama ganz gewaltig an Schönheit, wenn der Vogel bei der Revierverteidigung oder Balz in hohe Erregung gerät, wenn also der Gesang in zweckgerichtetes Verhalten eingebaut und diesem dienstbar gemacht wird. Dann wiederholt er die lautesten und keineswegs die schönsten Strophen in einförmiger Folge. Das lernende Spielen mit Neukombinationen von Motiven nennen die Vogelliebhaber mit bemerkenswerter Einsicht »Dichten«. Joachim Ringelnatz aber besingt den Gesang der Nachtigall mit den Worten »Nur Eins schuf mir Verlegenheit, daß sie dasselbe Schluchzen sang, das schon in der Vergangenheit den Dichtern in die Verse drang. Doch hatten alle Jene recht, die sie besangen, gut und schlecht.« Ich gestehe, daß ich mich in derselben Verlegenheit befinde.

Die Empfindung für Harmonien

Die Empfindung für Harmonien ist ganz sicher eine Leistung jener Organisation unserer Sinnesorgane und Gehirnstrukturen, die wir als *Gestaltwahrnehmung* kennen. Diese nicht rationale, sondern im Sinne von Egon Brunswik ratiomorphe Funktion ist eine der wichtigsten Erkenntnisweisen des Menschen. Obwohl ihre Mechanismen der Selbstbeobachtung nicht zugänglich sind, wissen wir durch die Arbeiten von Karl Bühler und Egon Brunswik genug über diese Vorgänge, um an ihrer natürlichen Verursachung nicht zu zweifeln. Weil sie der Selbstbeobachtung nicht zugänglich ist, erscheint die Gestaltwahrnehmung vielen Denkern als eine Eingebung von außen. Für Goethe ist sie Offenbarung, für viele andere »Intuition«. Dennoch gleicht das Funktionieren der Gestaltwahrnehmung in außerordentlich vielen Punkten dem eines Rechenapparates. Wenn es ein Gebiet der Physiologie oder Psychologie gibt, auf dem der Rechenapparat mehr als ein bloßes Gleichnis ist, dann ist es das der Gestaltwahrnehmung.

Ihre Aufgabe ist es, *Beziehungen* aufzufinden, die zwischen Sinnesdaten oder auch zwischen höheren Einheiten der Wahrnehmung bestehen. Diese Leistung ist an sich ein kleiner schöpferischer Akt. Die Integration von zwei bereits existenten und für sich allein funktionsfähigen Systemen in ein übergeordnetes System schafft eine neue Einheit, der Systemeigenschaften zukommen, die vor der Integration schlechterdings nicht existierten. In meinem Buch »Die Rückseite des Spiegels« habe ich für diesen Vorgang, der für wesentliche Evolutionsschritte charakteristisch ist, den Ausdruck »Fulguration« geprägt.

Wahrnehmung ist eine Aktivität, und die Zusammenschau zweier Einheiten, zwischen denen man bis dahin keine Beziehungen wahrgenommen hatte, entspricht auf seiten unserer menschlichen Erkenntnis sehr genau einem analogen Vorgang, der sich in der außersubjektiven Schöpfung abspielt. Der Ausdruck »Fulguration« paßt zum Vorgang des Erkenntnisfortschrittes fast noch besser als für den Evolutionsschritt. Wir sprechen von einem »Gedankenblitz«, oder wir sagen: »Mir ist ein Licht aufgegangen«, wenn es uns gelungen ist, zwei bereits unabhängig voneinander existente Gedankengänge zueinander in Beziehung zu bringen, und nun plötzlich einem neuen Gedankensystem gegenüberstehen, das überraschende, vorher nicht dagewesene Erkenntnisleistungen ermöglicht.

Einerseits steht die Gestaltwahrnehmung also an der vordersten Front der menschlichen Erkenntnis, sie ist die Speerspitze, die der menschliche Geist ins Unbekannte vorstößt. Gleichzeitig ist sie Hüter des schon Erkannten, ein Speicher geduldig gesammelten Tatsachenmaterials, dessen Inhalt um ein Vielfaches größer ist als jener, den unser Gedächtnis zu speichern vermag.

Auf dieser Fähigkeit beruht auch das menschliche Empfinden für Harmonien, deren Komplikation so groß ist, daß es den Umfang dessen, was wir verstandesmäßig zu überblicken vermögen, um ein Vielfaches übertrifft. Kein Wunder, daß die Ergebnisse der Gestaltwahrnehmung dem Menschen wie eine Offenbarung vorkommen; verstandesmäßig hätte er sie tatsächlich nie erreicht.

Die Gestaltwahrnehmung ist jedoch kein Wunder; ihre durchaus irdische, mechanische Natur zeigt sich in ihrem Bedarf an Datenmaterial. Wenn dieses ungenügend ist oder im Experiment absichtlich verfälscht wird, trifft sie haushoch daneben. Das Sammeln von Daten ist grundsätzlich ein Lernvorgang; wie unentbehrlich dieser ist, läßt sich an der Wahrnehmung jener komplexen Harmonien nachweisen, die uns die Kunstwerke der Musik zugänglich machen.

Unsere klassische europäische Musik ist bekanntlich den Gesetzlichkeiten des Wohltemperierten Klaviers angepaßt, die ganz bestimmte Abweichungen von den strengen mathematischen Beziehungen zwischen Schwingungszahlen tolerieren. Wie viele komplexe Gestalten bedarf auch die Wahrnehmung der musikalischen Gesetzlichkeiten des Lernens. Es müssen Sinnesdaten, in denen die wahrzunehmenden Gesetzlichkeiten obwalten, wiederholt geboten werden, bis unser Wahrnehmungsapparat fähig ist, die fragliche Gesetzlichkeit zu erfassen. Wir alle haben seit frühester Kindheit diese Art von Harmonien gelernt, und deshalb erscheinen uns diese selbstverständlich und eindeutig. Die orientalische Musik, die auch in Nordafrika gespielt wird, kennt nur ganze Töne und ist, was die mathematischen Beziehungen ihrer Schwingungszahlen anlangt, weit strenger gesetzmäßig als die europäische. Dennoch sind wir Europäer, wenn wir in der Türkei oder in Nordafrika Musik hören, zunächst völlig außerstande, ihre harmonische Gesetzmäßigkeit herauszuhören; sie ist für uns chaotisch und wenig melodisch. Natürlich kann jeder Europäer die Fähigkeit zur gestaltenden Wahrnehmung orientalischer Musik durch wiederholtes Hören erlangen. Nach »Einspeisung« eines ausreichenden Datenmaterials löst sich die Gestalt, wie sie es auch sonst zu tun pflegt, vom Hintergrund des vorher nur Chaotisch-Akzidentiellen.

Daß es dem Orientalen mit unserer europäischen Musik nicht anders geht, beweist ein Geschichtchen, das ich schon in meiner Kindheit zu hören bekam. Der damalige König von Siam war bei Kaiser Franz Joseph zu Gast und wurde als besondere Ehre in die Hofoper zu einer Wagneroper geführt. Als man den Monarchen anschließend befragte, was ihm am besten gefallen hätte, antwortete er, dies sei das Stück ganz zu Anfang gewesen. Es stellte sich heraus, daß er damit nicht die Ouvertüre meinte, sondern das vorhergehende Stimmen der Instrumente.

Es gibt Harmonien ganz verschiedener Art; unsere Gestaltwahrnehmung ist imstande, höchst komplizierte »polyphone« Wechselwirkungen als Harmonien wahrzunehmen und auf geringe Störungen ähnlich empfindsam zu reagieren wie der Dirigent auf den kleinsten Mißton unter den vielen Stimmen seines Orchesters. Ein naturverbundener Mensch, dem aus eigener Anschauung eine größere Zahl verschiedener gesunder Landschaften vertraut ist, bildet sich unfehlbar ein unreflektiertes, aber wichtiges Werturteil: Er findet nämlich jene Landschaften *schön*, die sich in einem ausgewogenen ökologischen Gleichgewicht befinden, also für eine längere Zukunft lebensfähig sind. Daß nur Landschaften, die vom Menschen unberührt sind, schön sein können, ist ein Irrtum mancher romantischer Naturschützer. Richtig ist, daß an der Störung der ökologischen Harmonie meistens der Mensch die Schuld trägt. Auch Landschaften, in denen der Mensch lebt, können schön sein, wofern in ihnen eine einigermaßen ökologische Lebensgemeinschaft aufrechterhalten ist. Selbst solche, deren Charakter fast völlig von menschlicher Tätigkeit geprägt ist, können schön sein, wie etwa das Rheintal mit seinem Weinbau oder die wogenden Getreidefelder des Tullnerfeldes. Als häßlich empfinden wir hingegen riesige Monokulturen, wo eine Pflanzenart das ganze Land bis zum Horizont bedeckt.

Die relative »Höhe« von Harmonien

Schönheit läßt sich nicht quantifizieren, dennoch empfinden wir Wertunterschiede zwischen höheren und niedrigeren Harmonien. Die Organisation eines Pilzes stellt, für sich gesehen, ein wundervolles harmonisches Ganzes dar, wenn wir aber einen Rosenstock vom Pilz befallen sehen, so zögern wir nicht, zugunsten der höheren Harmonie der Rose einzugreifen. Ein Wimpertierchen mit Groß- und Kleinkern, Silberliniensystem und in wohlgeordnetem Takt schlagenden Wimpern erregt unsere Bewunderung. Sobald wir jedoch ein von dem parasitischen Wimpertierchen *Ichthyophtirius* befallenen Fisch sehen, empfinden wir die Störung in der Harmonie des Wirtes und kein Mitleid mit dem Parasiten, wenn wir zum heilenden Medikament greifen.

Eine der wichtigsten Leistungen der Gestaltwahrnehmung besteht darin, daß sie uns befähigt, Gesundes von Krankem zu unterscheiden. Ein einigermaßen mit Gestaltwahrnehmung begabter Beobachter, der mit einer bestimmten Art von Lebewesen genugsam vertraut ist, *sieht* ganz einfach, wann mit diesem Organismus etwas nicht in Ordnung ist. Die moderne Medizin, vor allem die moderne medizinische Erziehung, pflegt im allgemeinen die Leistungen der Gestaltwahrnehmung gewaltig zu unterschätzen. Es ist ein Irrtum zu glauben, daß der »klinische Blick« durch eine wenn auch noch so große Zahl von quantifizierenden Daten und deren elektronischer Auswertung völlig ersetzt werden könne, so unentbehrlich diese heute zu seiner Ergänzung geworden sind. Ich rede gar nicht von der persönlichen Beziehung zwischen Arzt und Patient, die ich für unerläßlich halte, sondern im speziellen davon, daß der Arzt im Massenbetrieb der großen Klinik den einzelnen Patienten nicht genau genug kennenlernen kann. Der Hausarzt alter Prägung, der jeden seiner Patienten als Einzelwesen und in allen seinen individuellen Eigenschaften kennt, hat es unvergleichlich leichter, schon kleinste Krankheitserscheinungen festzustellen.

Die wirklich apriorische Wertempfindung

Bei allen bisher besprochenen Wertempfindungen, mit denen unsere Gestaltwahrnehmung uns auf Harmonien ansprechen läßt, ist es nicht ganz auszuschließen, daß ihr Programm phylogenetisch entstanden ist: unter dem Selektionsdruck einer Leistung. Es könnte der Sinn für Harmonien sein, der die Hausfrau veranlaßt, alle Verfallserscheinungen in Haus und Hof zu bekämpfen; es könnte sich teleonom auswirken, wenn der Bauer an seinen Haustieren und Nutzpflanzen leichteste Störungen der Gesundheit wahrnimmt und vorbeugende Maßnahmen treffen kann. Diese allgemeine Fähigkeit könnte auch unsere Wertung des nichtteleonomen Schönen erklären.

Ich glaube aber, daß es Wertempfindungen gibt, die im strengsten Sinne apriorisch sind – nicht wie die apriorischen Denk- und Anschauungsformen Immanuel Kants, von denen wir mit ziemlicher Sicherheit annehmen können, daß sie im Laufe der Stammesgeschichte und in Auseinandersetzung mit außersubjektiven Gegebenheiten evoluiert sind. Spekulationen über Fragen, die wir nicht beantworten können, sind erlaubt, und die evolutionäre Erkenntnistheorie bestätigt uns dieses Menschenrecht ausdrücklich. Wir wissen, wie schon gesagt, daß es unzählige durchaus natürliche Dinge und Vorgänge gibt, die sich der Abbildung durch unseren »Weltbildapparat« entziehen und immer entziehen werden, weil sie für seine Fähigkeit der Wiedergabe zu komplex sind. Wir empfinden die Unvoraussagbarkeit des organischen Geschehens als Freiheit, wir empfinden die Schöpfung als Wert, weil wir selbst schöpferisch sind. In unserem begrifflichen Denken sind Vorgänge am Werke, die denen der Evolution zumindest weitgehend analog, wahrscheinlich aber nur ein spezieller Fall von ihnen sind. Im Geiste des Menschen gibt es gedankliche Einheiten, Ideen, Traditionen, Hypothesen, Dogmen usw., deren jede in sich genügende Geschlossenheit und Einheitlichkeit besitzt, um mit einer anderen in Wechselwirkung zu treten – nicht viel anders, als dies die verschiedenen Arten der Lebewesen im Verlauf der Evolution getan haben. Wie Karl Popper gesagt hat, können solche Einheiten miteinander in Wettbewerb treten, so daß die Selektion auf dem Gebiet der Erkenntnis eine ebensowichtige Rolle spielt wie in der Evolution der Lebewesen. Vor etwa 40 Jahren habe ich geschrieben: »Ich glaube, daß eine Struktur, die dem Lebendigen seinem innersten und eigentlichen Wesen nach anhängt, im Menschen zu einer Wertung von Werten führt, ... die im verwegensten Sinne des Wortes ›apriorisch‹ und ›denknotwendig‹ sind, und zwar nicht nur für den Menschen, sondern auch für alle denkbaren übermenschlichen Lebewesen, wofern ihnen mit uns nur jene Art von Leben gemein ist, die wir mit den Einzellern gemein haben.« Diese Sätze halte ich auch heute noch für richtig.

Zur Zeit sind diese, in unseren Wertempfindungen sich abspielenden Schöpfungsvorgänge die einzigen, die auf unserem Planeten noch eine wesentliche Rolle spielen. Es ist unsere Pflicht, ihnen Wirklichkeit zuzuerkennen und den im wahrsten Sinne kategorischen Befehlen zu folgen, die sie an uns richten.

Dritter Teil

Der Geist als Widersacher der Seele

Die zunehmende Entwicklungsgeschwindigkeit unserer Kultur und Zivilisation hat zur Folge, daß die Diskrepanz zwischen der Gesellschaftsordnung und den natürlichen Neigungen des Menschen immer groteskere Formen annimmt. Die »natürlichen Neigungen« im Sinne Immanuel Kants entsprechen zum großen Teil Verhaltensnormen, die wir für genetisch programmiert halten; wir glauben mit William McDougall, daß gerade sie mit qualitativ unverwechselbaren Emotionen, mit »Seelenregungen«, einhergehen. Die Produkte des kollektiven begrifflichen Denkens, des menschlichen Geistes, erweisen sich als Feinde und Gegner der menschlichen Seele, und ich stehe nicht an, den Buchtitel Ludwig Klages', der dies als erster erkannt hat, als Titel für diesen Teil meines Buches zu leihen.

Nicht nur genetisch programmierte, sondern auch durch kulturelle Tradition festgelegte Normen menschlichen Verhaltens erweisen sich in vielen Fällen als zu »konservativ«, um sich den rasend schnellen Veränderungen des modernen

Milieus anpassen zu können. Traditionen, wie die des Patriotismus, gestern noch nicht für ganze Kulturen bedrohlich, können heute schon vernichtende Wirkungen zeitigen.

7. Kapitel

Das Unbehagen in der Kultur

Die Diskrepanz der Geschwindigkeiten

Die Seele ist um sehr vieles älter als der menschliche Geist. Wann die Seele, das subjektive Erleben, entstanden ist, wissen wir nicht. Jeder Mensch, der höhere Tiere kennt, weiß, daß ihr Erleben, ihre »Emotionen« den unseren brüderlich verwandt sind. Ein Hund hat eine Seele, die der meinen im allgemeinen gleicht, sie an bedingungsloser Liebesfähigkeit wahrscheinlich sogar übertrifft; einen Geist in dem hier definierten Sinne aber hat kein Tier, haben weder die Hunde noch die dem Menschen verwandtschaftlich am nächsten stehenden Anthropoiden.

Der menschliche Geist, der durch begriffliches Denken, syntaktische Sprache und der damit entstehenden Vererbbarkeit des traditionellen Wissens geschaffen wurde, entwickelt sich um ein Vielfaches schneller als die Seele. Infolgedessen verändert der Mensch die eigene Umwelt sehr häufig zu ihren und seinen Ungunsten. Im Augenblick ist er im Begriffe, die Lebensgemeinschaft der Erde, in der und von der er lebt, zu vernichten und damit Selbstmord zu begehen.

Die Geschwindigkeit, mit der der menschliche Geist sich verändert und mit der der Mensch durch seine Technologie die eigene Umwelt zu etwas völlig anderem macht, als sie eben noch war, ist so groß, daß der Gang der stammesgeschichtlichen Entwicklung im Vergleich zu ihr praktisch stillsteht. Die Menschenseele ist seit dem Entstehen menschlicher Kultur im wesentlichen die gleiche geblieben; es ist nicht erstaunlich, daß die Kultur sehr häufig unerfüllbare Ansprüche an sie stellt.

Zwar ist der Mensch, wie Arnold Gehlen gesagt hat, »von Natur aus ein Kulturwesen«, d. h. schon die phylogenetisch entstandenen Programme seines Verhaltens sind auf das Vorhandensein einer Kultur abgestellt. Der Mensch besitzt, wie Noam Chomsky nachgewiesen hat, ein angeborenes Programm des logischen Denkens und der Wortsprache: Das Kind lernt, wie Otto Koehler gesagt hat, nicht sprechen, es lernt nur Vokabeln; dieses Programm hat zur Voraussetzung, daß eine schon existente Kultur ihm diese Vokabeln liefert.

Trotz dieser vorhandenen phylogenetischen Anpassung an das Vorhandensein einer menschlichen Kultur kann die weitere Anpassung des Menschen mit der wachsenden Geschwindigkeit der Veränderungen der Zivilisation und der sozialen Umwelt nicht Schritt halten; diese Diskrepanz wird von Jahr zu Jahr größer.

Zwar hat die Kultur selbst Normen des menschlichen Verhaltens geschaffen, die in gewissem Sinne als Ersatz für angeborene Verhaltensprogramme eintreten können und einer allzu überstürzten Entwicklung als stabilisierende, konservative Faktoren entgegenstehen. Es gibt durch Traditionen festgelegte Vorschriften des Verhaltens, die den Menschen »zur zweiten Natur« geworden sind.

Praktisch unterliegt alles menschliche Verhalten, das in Gegenwart von Sozietätsmitgliedern »erlaubt« ist, einer ganz erheblichen Ritualisation, nämlich dem sogenannten guten Benehmen. Hans Freyer hat gezeigt, daß die »tenue«, die der Anständigkeit des Verhaltens zugrunde liegt, durchaus keine rein äußerliche, oberflächliche und unwichtige Vorschrift dafür ist, was man tun und was man nicht tun kann, sondern auch bestimmend für echte moralische Entscheidungen ist. Nicht nur unritualisierte Instinktbewegungen, wie Sich-Kratzen, Sich-Räkeln und sonstiges Komfortverhalten, sind vom Anstand, von der »guten Sitte« verboten, sondern auch viel komplexere Verhaltensweisen. Diese Formen von kultureller Ritualisation sind etwas grundsätzlich anderes als die von der Kantischen verantwortlichen Selbstbefragung gesetzten Gebote und Verbote. Auch die Sanktionen, mit denen unsere Empfindung zwei Arten von Verstößen, einerseits gegen die moralanalogen Forderungen des Anstandes und andererseits gegen Verletzung Kantischer Moral, bestraft, sind qualitativ verschieden: Die Strafe für unanständiges Verhalten ist Scham, die Strafe für unmoralisches aber Reue.

Die kulturelle und zivilisatorische Zwangsjacke, in der die Menschen heute stecken, wird immer enger. Weder unser kreatürliches Verhalten noch die uns traditionell zur zweiten Natur gewordenen guten Manieren passen mehr auf die künstlich geschaffene, fast ausschließlich von der Technokratie bestimmte Umwelt. Ich glaube, daß manche jugendliche Rebellen diese verschiedenen Zwänge miteinander verwechseln, wenn sie als Protest gegen die technokratisch-kapitalistische Erfolgsgesellschaft gegen den Anstand verstoßen. Es scheint manchen Jugendlichen nicht verständlich zu sein, daß die Rebellion gegen die technokratische Erfolgsgesellschaft aussichtsreicher ist, wenn sie nicht gegen Anstand, Würde und ästhetisch-ethische Gebräuche verstößt. Immerhin bedeutet alle Rebellion der heutigen Jugend das wenn auch teilweise unreflektierte Ahnen einer Wahrheit: Der menschliche Geist ist auf dem Wege der Technokratie zum Widersacher des Lebens überhaupt und damit auch der menschlichen Seele geworden.

Neigung und Moral

In der Bibel steht, der Mensch sei böse von Jugend auf. Wie schon gesagt, empfinden wir verschiedene Arten des Mißbehagens, wenn wir gegen Gesetze der Moral und wenn wir gegen Gesetze des durch kulturelle Ritualisation festgelegten Verhaltens verstoßen. Wenn wir uns im Sinne der »feinen Manieren« schlecht benommen haben, empfinden wir höchstens Scham, die sehr intensiv sein kann. In unserer Zivilisation erweckt der Verstoß gegen rituelle Sitte beim unbeteiligten Beobachter eher Gelächter und Mitleid, keine Empörung.

Verstöße gegen die Moral, wie die Zehn Gebote sie lehrt, rufen andere Empfindungen hervor. Der Täter empfindet nicht Scham, sondern Reue, der unbeteiligte Mensch aber Empörung. Ein normaler Mensch befolgt diese Gebote aus natürlicher Neigung, wenn sein Verhalten *persönliche Freunde* betrifft. Einen Freund belügt und bestiehlt man nicht, man begehrt auch nicht seine Frau, und am allerwenigsten bringt man ihn um. Die Zehn Gebote verlieren ihre fundamentale Wirksamkeit erst durch die zunehmende Anonymität der menschlichen Gesellschaft.

Merkwürdigerweise spricht Immanuel Kant der natürlichen Neigung jeden Wert ab. Für Handlungen aus natürlicher Neigung kann man keinen moralischen Verdienst beanspruchen, selbst wenn die Handlung durchaus altruistisch und sozial lobenswert ist. Die merkwürdige Blutlosigkeit dieser Meinung eines unserer größten Denker hat den Spott eines großen Dichters herausgefordert. Friedrich Schiller parodiert sie in der Xenie:

»Gerne dien' ich dem Freund, doch leider tu ich's aus Neigung, darum wurmt es mich oft, daß ich nicht tugendhaft bin.

... drum lerne den Freund zu verachten, um dann mit Abscheu zu tun, was die Pflicht dir gebeut.«

Moralisch verdienstvoll sind für Kant nur Verhaltensweisen, die von der Voraussicht ihrer Folgen geformt sind. Die kategorische Frage Kants lautet sinngemäß: Kann ich die Maxime der eben geplanten Handlung zum Naturgesetz erheben, oder würde in diesem Fall Vernunftwidriges herauskommen? In die Sprache biologischer Soziologie übersetzt, heißt diese Frage: Ist die geplante Handlung teleonom, d. h. art- und sozietätserhaltend oder nicht?

Die kategorische Frage ist also nicht geeignet, genetisch programmierte angeborene Motivationen von vernunftmäßigen zu unterscheiden. Wenn ich einen lieben Freund aus rein triebmäßiger Motivation vor einer Gefahr bewahre und nachträglich die kategorische Frage stelle, ob ich diese Maxime zum Naturgesetz erheben könne, so lautet die Antwort ganz selbstverständlich »Ja«, weil sie ein Naturgesetz ist.

Die genetisch programmierten Neigungen des Menschen reichen aber nicht aus, um den sozialen Anforderungen der modernen, aus Millionen von Individuen bestehenden Sozietät gerecht zu werden. In einer Gruppe befreundeter Menschen wird so ziemlich jeder die Zehn Gebote befolgen. Er wird auch ohne weiteres erhebliche Gefahren auf sich nehmen, um einen Freund unter Einsatz seines eigenen Lebens aus einer Gefahr zu retten. Ein amerikanischer Soziologe hat errechnet, daß die optimale Zahl für eine durch enge Freundschaft verbundene Gruppe elf betrage. Man kann nicht umhin zu assoziieren, daß elf bei so vielen Spielen die Zahl des Teams ist und daß von den zwölf Jüngern Jesu nur elf treu gewesen sind.

Der Mensch ist nicht böse von Jugend auf, er ist gut genug für die Elf-Mann-Sozietät, aber nicht »gut genug«, um sich für ein anonymes, persönlich nicht bekanntes Mitglied der Massensozietät so einzusetzen, wie für das persönlich bekannte und eng befreundete Individuum. Die im Laufe der Kulturentwicklung entstandenen sozialen Gebote wie Verbote zwingen uns, den angeborenen Programmen unseres Verhaltens ständig Gewalt anzutun; im Verkehr mit anderen Sozietätsmitgliedern stecken wir dauernd in der Zwangsjacke kultureller Verhaltensnormen.

Je höher die Kultur sich entwickelt, desto größer wird die Spanne zwischen menschlicher Neigung und kulturellen Forderungen. Kein einziger in unserer Kultur lebender Mensch ist frei von inneren Spannungen. Es gibt in den heutigen Industriestaaten bereits eine gefährlich hohe Zahl von Menschen, die dieser Spannung einfach nicht mehr gewachsen sind und entweder asozial oder neurotisch werden. Man kann den psychisch Gestörten danach definieren, daß er entweder selbst leidet oder die Sozietät leiden macht.

Frei von Leiden ist keiner. Der Gesunde scheidet sich vom Kranken nur in analoger Weise, wie sich ein Mensch mit kompensiertem Herzfehler von einem anderen Kranken unterscheidet, bei dem die Kompensation zusammengebrochen ist. Daraus ergibt sich die Lösung eines Scheinproblems, das durch den oben erwähnten Widerspruch zwischen Immanuel Kant und Friedrich Schiller aufgeworfen wird. Keiner von uns ist »gut genug«, jeder von uns würde mit den Anforderungen der Kultursozietät in Konflikt geraten, wollte er blindlings seinen Instinkten folgen. Die Ausstattung mit sozialen Instinkten, insbesondere mit sozialen Hemmungen, ist aber von Mensch zu Mensch ungemein verschieden. Um beim Beispiel des kompensierten Herzfehlers zu bleiben: Der eine hat mehr zu kompensieren, der andere weniger. Wenn ich menschliche Individuen als gut oder weniger gut beurteile, so schätze ich ganz selbstverständlich denjenigen am höchsten, der mir aus Freundschaft und reiner Neigung Gutes tut, und nicht denjenigen, der sich unter äußerster Selbstbeherrschung objektiv gleich verhält. Beurteile ich dagegen die Handlungen eines Individuums, zum Beispiel meine eigenen, so erscheinen mir diejenigen lobenswert, die ich aus Kantischer Moral und gegen meine gefühlsmäßige Neigung durchsetze.

In dem Gesagten liegt der Wahrheitsgehalt aller Predigten der Askese, aber auch die Gefahr des Behaviorismus und des Reiz-Reaktions-Modells, die sich Tiere wie Menschen als rein reaktive Apparate vorstellen, welche nur auf Reize wie auf einen Knopfdruck antworten und keine Spontaneität besitzen. In Wirklichkeit beruhen die allermeisten instinktiven Programme des Menschen und der Tiere auf spontaner Reizerzeugung. Sie drängen mit Macht hervor und werden gerade beim Fehlen der adäquaten Reizsituation gefährlich. Es ist das große Verdienst Sigmund Freuds, eben dies gesehen zu haben. In einer Zeit, in der die Sherringtonsche Reflexlehre als der Weisheit letzter Schluß betrachtet wurde und in der Behaviorismus und Reiz-Reaktions-Psychologie die größte Anerkennung fanden, erkannte Freud die grundlegende Tatsache der Spontaneität des Trieblebens. In einem grandiosen Simplismus faßte er unter dem Begriff des Eros sämtliche Lebens- und arterhaltenden Instinkte zusammen.

Die Kulturentwicklung scheint sich merkwürdig wenig um das Wohlbefinden des Individuums zu kümmern. Menschenrechte, d. h. Bedürfnisse, die aus der angeborenen Veranlagung des Einzelmenschen entspringen und befriedigt werden müssen, scheinen auf die Entwicklungsrichtungen von Kulturen wenig Einfluß zu haben. Die Macht, die von Tradition und traditioneller Ritenbildung ausgeübt wird, scheint keine Grenzen zu kennen. Man ist entsetzt, wenn man hört, was sich die zweifellos hohe Kultur der Inkas an Grausamkeiten und Unterdrückung leisten konnte, ohne einen Aufstand der Massen heraufzubeschwören.

Wenn wir in Betracht ziehen, welche Verzichte auf grundlegende Menschenrechte die Menschen der heutigen Industriegesellschaften freiwillig auf sich nehmen, müssen wir uns fragen, ob wir der Inkakultur wesentliches voraushaben: Der Streß, dem die Angehörigen aller Schichten unserer Gesellschaft ausgesetzt sind, nimmt ständig zu. Der Begriff Streß (heute ist das Wort eines des alltäglichen Sprachgebrauchs) bezeichnet jegliche Belastung, der der Organismus ausgesetzt ist. Eine Belastung besteht nicht nur, wenn ein Mensch durch alle die erwähnten Zwänge überfordert ist, sondern auch dann, wenn ihm nicht genügend Herausforderung und Vielfalt geboten wird.

8. Kapitel

Fehlleistungen ursprünglich sinnvoller Verhaltensweisen

Die Definition von normal und pathologisch

Letzten Endes sind wohl alle kulturzerstörenden Vorgänge, die im folgenden besprochen werden müssen, durch die Verschiedenheit der Geschwindigkeiten kultureller und genetischer Evolution verursacht. Die Begriffspaare des Gesunden und des Kranken, des »Normalen« und des »Pathologischen« lassen sich nur in teleonomischer Betrachtung definieren, d. h. nur in bezug auf die vergrößerten oder verkleinerten Überlebenschancen, die einem Organismus aus der zu beurteilenden Eigenschaft in einer bestimmten Umwelt erwachsen. Ein klassisches Beispiel für diese relative Beurteilung ist die der sogenannten Sichelzellen-Anämie, einer erblichen Mißbildung der roten Blutkörperchen, die den Sauerstoffwechsel erheblich stört, gleichzeitig aber das rote Blutkörperchen immun gegen die Angriffe der Trypanosomen macht, die Malaria erregen. In Gambia waren bis zum vorigen Jahrhundert fast nur diejenigen »gesund«, die an Sichelzellen-

Anämie »litten«, denn Menschen mit normalen Blutkörperchen erlagen meist schon als Kinder der endemischen schweren Form von Malaria.

Was normal und was pathologisch ist, das läßt sich also nicht in allen Fällen durch saubere Definitionen trennen. Dennoch will ich im folgenden die zwei Arten von Fehlleistungen voneinander getrennt besprechen: einerseits diejenigen, welche durch Verhaltensprogramme bewirkt werden, die ursprünglich für die menschliche Gesellschaft teleonom sind und nur unter den gegenwärtigen Umweltbedingungen der Menschheit verderblich werden, und andererseits solche, die eindeutig den Charakter des Krankhaften tragen und, genau wie Neurosen dies definitionsgemäß tun, »überwertig« werden, d. h. die Person des Erkrankten bis zur Unterdrückung aller anderen Motivationen beherrschen. Wir dürfen nicht vergessen, daß unsere Spezies kraft ihrer Fähigkeit zur Vererbung erworbener Eigenschaften zunächst biologisch ungemein erfolgreich war. Wie keine andere Vertebratenform ist sie zum »Leitfossil« ihrer Gegenwart geworden. Erst dieser ungeheure Erfolg hat die Gefahren heraufbeschworen, die uns heute bedrohen.

Nicht wenige von den im vorliegenden Kapitel zu besprechenden Verhaltensnormen waren bis vor kurzer Zeit eindeutig nützlich für die Menschheit und gelten daher auch heute noch nicht ganz zu Unrecht als Tugenden. Sie neigen aber unter den gegenwärtigen Umständen zu einer Überfunktion, die gefährliche Folgen nach sich zieht. (Ich erinnere an die schon erwähnte Forschungsstrategie Ronald Hargreaves, der es sich zur Gewohnheit machte, jede Verhaltensstörung des Menschen mit der Fragestellung zu untersuchen, ob sie vielleicht nur auf der Über- oder Unterfunktion einer an sich gesunden und teleonomischen Verhaltensweise beruht.)

Ordnungsliebe und Überorganisation

Ordnungsliebe ist ursprünglich ohne Zweifel eine Programmierung des Verhaltens und zählt zu den menschlichen Tugenden. Sie ist eng verflochten mit der Wertempfindung, die wir für Harmonien, für die gesunde ausgewogene Wechselwirkung zwischen den Gliedern eines organischen Systems empfinden. Aldous Huxley sagt, es sei ein primärer und fundamentaler Antrieb des menschlichen Geistes, eine Art von intellektuellem Instinkt, in Verwirrung Ordnung stiften zu wollen, Harmonie aus Dissonanzen zu schaffen, Einheit aus Vielheit. (»The wish to impose order upon confusion, to bring harmony out of dissonance and unity out of multiplicity, is a kind of intellectual instinct, a primary and fundamental urge of the mind.«) Im Bereich der Naturforschung ist der Wille zur Ordnung unentbehrlich, bringt aber auch gewisse Gefahren mit sich. Das Bestreben, ein einheitliches Weltbild zu entwerfen, hat viele Wissenschaftler zu gewaltsamen Konstruktionen »erklärungsmonopolistischer«

Systeme verleitet. Ebenso wichtig ist begreiflicherweise die negative Wertempfindung, die das Zerbrechen organischer Ganzheiten, die Unordnung und das Chaos in uns hervorrufen.

Zu einer Gefahr wurde der Wille zur Ordnung in der Geschichte der Menschheit erst sehr spät. Im Zustande der ältesten Jäger- und Sammlergruppe ist die Organisation der menschlichen Gesellschaft nicht viel komplizierter als etwa die eines Wolfsrudels, einer Schimpansenhorde oder einer Volksschulklasse. Bei diesen Gruppen besteht zwar eine klare Rangordnung zwischen den Individuen – sie kann sogar gelegentlich zur Tyrannei des Stärksten oder, schlimmer, zur Bildung einer »Clique« von Ranghohen und damit zu einer grausamen Unterdrückung der Schwächeren führen –, doch ist diese Tyrannei weder genetisch programmiert noch traditionell institutionalisiert. Man weiß nicht sicher, in welcher Form eine Institution von Gesellschaftsklassen zuerst entstand, doch liegt es nahe, diese Schichtung mit der Entstehung des individuellen *Besitzes* in Zusammenhang zu bringen. Wenn nicht schon früher bei nomadischen Völkern, so ist in unserer Kultur eine institutionalisierte Rangordnung mit dem ortsbeständigen Ackerbau entstanden. Die Bauernwirtschaft war sicher anfänglich ein Familienbetrieb: Vater, Mutter, Söhne und Töchter verschiedenen Alters, jeder von ihnen mit gewissen traditionell festgelegten Befugnissen und Pflichten ausgestattet. Auf das Land, in das man viel Arbeit investiert hatte, erhob man selbstverständlich Besitzansprüche, und daraus folgte ein traditionell definiertes Erbrecht. Der älteste Sohn erbte, die besitzlosen jüngeren nahmen entweder bei ihm oder bei anderen Bauern Arbeit, und so entstand die Institution des Knechtes, des Arbeitnehmers. Mit der Bodenständigkeit des Ackerbaus entstand, wie H. Freyer überzeugend dargetan hat, die Feindschaft gegen die Nomaden, denn begreiflicherweise sah es der Bauer nicht gern, wenn ein Nomade seine Herden in das mühsam bestellte Akkerland trieb. Vielleicht ist der biblische Brudermord eine symbolische Darstellung dieser Feindschaft. Ich habe mich als Kind immer darüber gewundert, wie es kam, daß Kain, der Ackerbauer, den Abel totschlug, obwohl dieser als Schäfer das Schlachten größerer Lebewesen doch besser gekonnt hätte als der Pfleger von Feldfrüchten.

Die Entstehung von Kasten oder Klassen der menschlichen Gesellschaft hängt zweifellos mit der Institutionalisierung des Privatbesitzes zusammen, ob dieser nun in Vieh oder in Land besteht. Wie dem auch gewesen sein mag, es war der Ackerbau, der zwei gefährliche Folgen hatte: Erstens wurden die Ackerbauern in Verteidigung der Felder ganz sicher weit aggressiver als die Jäger- und Sammlerhorden, bei denen territoriale Aggression keine so lebenswichtige Rolle spielte. Ob die territoriale Aggressivität nun durch kulturelle Tradition intensiviert wurde oder ob sich in den großen Zeiträumen, um die es sich hier immerhin handelt, eine genetische Veränderung menschlicher Aggressivität vor sich gegangen ist, wissen wir nicht. Eine zweite gefährliche Folge des Ackerbaus war die explosive Zunahme der Bevölkerung, die durch ihn ermöglicht wurde.

Man darf sich aber die ersten Stufen der hierarchischen Organisation einer Menschengruppe nicht allzu hart und grausam vorstellen. Wenn wir Homer trauen dürfen, dessen realistische Darstellungen zwischenmenschlichen Verhaltens mich höchst glaubwürdig dünken, so waren die Beziehungen zwischen dem Herrn und dem Gefolgsmann, selbst die zwischen dem Besitzer und dem Sklaven höchst »familiär«. Man denke an die Freundschaft, die zwischen Odysseus und dem schon von seinem Vater angekauften Sklaven, dem Schweinehirten Eumaios, bestand. Die Könige, deren es auf der kleinen Insel Ithaka mehrere gab, waren offenbar nicht viel mehr als Großbauern; immerhin waren sie befugt, ihre Untergebenen in den Krieg zu führen. Kriegführen führt dazu, daß Gefangene gemacht werden, und diese werden, da sie nicht zur Familie des Siegers gehören, zu Sklaven im eigentlichen Sinne des Wortes.

Mit der Zunahme der Bevölkerung wurden aus den Bauernhöfen Königreiche; die familiären Beziehungen, ja, überhaupt das persöhnliche Einander-Kennen, verlor an Bedeutung, und dieses Kennenlernen ist, wie wir wissen, der wichtigste Gegenspieler der Aggressivität. Eben deshalb ist die Entpersönlichung der zwischenmenschlichen Beziehung, wie sie sich in unserer Gesellschaft vollzieht, so gefährlich. Mit dem Bevölkerungswachstum verschob sich auch das zahlenmäßige Verhältnis zwischen Herrschern und Beherrschten. Diese Verschiebung ist, wie wir sehen werden, eine gesetzmäßige Folge der Größe von Sozietäten und nicht für die feudale Gesellschaftsordnung allein kennzeichnend. Doch wirkt es in dieser besonders empörend, wenn die wenigen Herrschenden hochmütig in Luxus und Überfluß schwelgen, die gewaltige Überzahl der Beherrschten aber im Elend dahinvegetiert. So führte die Tyrannei der Feudalherren u. a. zur Französischen Revolution. Die schönen Worte Liberté, Egalité, Fraternité schienen zunächst eine neue Epoche der Menschheitsgeschichte einzuleiten – wenn auch die Erfindung der Guillotine ein wenig daran zweifeln ließ.

Ziel der Demokratie muß es sein, einen Kompromiß zu schaffen zwischen der durch die Riesenzahl von Menschen unbedingt nötig werdenden Ordnung und der Erhaltung jener Handlungsfreiheit des Individuums, die zu den Menschenrechten gehört. Dieses hohe Ziel durch Gesetzgebung zu erreichen, ist viel schwieriger, als sich die meisten ehrlichen Demokraten eingestehen. Selbst wenn die Auswirkung der Demokratie nicht durch die hintergründige Macht der Großindustrie unterlaufen würde, bestünden immer noch nahezu unüberwindliche Schwierigkeiten, den Willen der Wähler in gerechter Weise auf das Handeln der Gewählten zu übertragen. Große Bevölkerungszahlen bringen es mit sich, daß es zu viele Wähler und zu wenige Gewählte gibt. Selbst bei einem moralisch einwandfreien, wahrhaft demokratischen Verfahren vereint sich zuviel Macht in den Händen einiger weniger Menschen. Sehr wenige Menschen – und seien sie noch so gescheit und moralisch einwandfrei – sind imstande, in Machtpositionen ihre volle Menschlichkeit zu bewahren. Der Cäsarenwahn ist eine sehr reale Erkrankung.

In der Industriegesellschaft ist nicht zu verhindern, daß Besitz-Zuwachs auch einen Gewinn an Macht bedeutet. In unserer Welt der Massensozietät ist es unausbleiblich, daß kleinere wirtschaftliche Unternehmen mit ihrem beschränkten Kapital im Wettbewerb mit größeren den kürzeren ziehen. Es ist klar, daß mit dem Fortschreiten der Technologie die Großproduzenten schließlich alles beherrschen. Es ist ein Irrtum zu glauben, die Welt werde von Politikern regiert. Hinter diesen steht als der wirkliche Tyrann die Großindustrie. Wenn der Rüstungswettlauf auf beiden Seiten des Eisernen Vorhangs trotz aller Gipfeltreffen und Abrüstungsgepräche weitergeht, so geschieht das nicht, weil Russen und Amerikaner voreinander Angst haben, sondern weil die Industrie daran *verdient*.

Mit dem Fortschreiten der Technologie ging eine entsprechende Entwicklung der Organisation der menschlichen Gesellschaft einher. Komplizierte soziale Organisationen mußten geschaffen werden, die der komplizierten Maschinerie entsprachen. Sie waren nötig, damit der Produktionsapparat glatt und reibungslos laufen konnte. Um sich dieser Organisation einzufügen, müssen die Individuen ent-individualisiert werden. Um genau festgelegte Funktionen erfüllen zu können, müssen sie gleichsam Automaten werden. Millionen von durchaus »normalen« Menschen leben reibungslos in einer Gesellschaft, gegen die sie, wenn sie auf ihren Menschenrechten wirklich bestehen würden, revoltieren müßten. Sie halten die Illusion ihrer Individualität aufrecht, in Wirklichkeit aber haben sie jetzt schon einem großen Teil ihrer Freiheit entsagt. Ihre Zustimmung zur gegenwärtigen Gesellschaftsordnung kann unmerklich zu einem weitgehenden Verlust der Individualität führen.

Je größer die Zahl der Menschen wird, die in Ordnung gehalten werden müssen, um so rigider wird die dazu nötige Überorganisation und um so schädlicher ihre entmenschende Wirkung. Das Wachstum der Industrie zieht immer größere Teile der immer größer werdenden Zahl der Menschen in den immer größer werdenden Städten zusammen, und das ist nicht gesund. Wie man weiß, korrelieren Geisteskrankheiten, Rauschgiftsucht und Verbrechen mit der Ballung von Menschen in großen Städten. Paradoxerweise liegt ein Hoffnungsschimmer in der Tatsache, daß die Menschen genetisch noch nicht genügend entmenscht sind, um sich der gleichmachenden Überorganisation zu fügen, ohne dabei Schaden zu nehmen. Erich Fromm sagt: »Trotz ihres materiellen, intellektuellen und politischen

Fortschrittes ist unsere zeitgenössische westliche Gesellschaftsordnung weniger und weniger geeignet, geistige Gesundheit zu erhalten, sie untergräbt die innere Sicherheit, Zufriedenheit, Vernunft und die Liebesfähigkeit des Individuums. Sie macht aus ihm einen Automaten, der für sein menschliches Versagen mit zunehmender Geisteskrankheit büßen muß, mit einer Verzweiflung, die sich hinter einem krampfhaften Antrieb zur Arbeit und zum sogenannten Vergnügen verbirgt« (Übersetzung). Fromm sieht in den neurotischen Symptomen, die bei Stadtmenschen auftreten, einen Grund zur Hoffnung, zeigen sie doch, daß der Mensch gegen seine Entmenschung ankämpft. Viele Menschen scheinen nur deshalb »normal« zu sein, weil die Stimme des Menschlichen in ihnen verstummt ist.

Um die Überorganisation der gegenwärtig lebenden Menschenmassen zu lockern, bedarf es einer grundlegenden Umstrukturierung der menschlichen Gesellschaft – mit anderen Worten: einer Abwertung vieler das heutige Weltgeschehen bestimmender Wertvorstellungen. Dies bringt selbstverständlich große Gefahren mit sich. Gerade in der heutigen Zeit, in der wir Unordnung und Krieg selbst erlebt haben und jetzt noch in vielen Teilen der Welt sehen, scheint die Angst vor dem Chaos bedingungslose Unterwerfung unter die bestehende Organisation zu diktieren. Die Ordnungsliebe kann Menschen zu Tyrannen machen, und so mancher Despot hat nur deshalb die Macht ergreifen können, weil bei einer Mehrzahl der Menschen die Hoffnung bestand, daß er »ungeordnete Verhältnisse« ordnen würde.

Die Freude am Wachstum

Der Mensch hat Freude am Wachstum. Der Bauer freut sich, wenn sein Getreide gut wächst, wenn er ein neues Feld erwerben oder sein Haus vergrößern kann, wenn seine Herde einen erfreulichen Zuwachs aufweist. Ich erinnere mich noch deutlich, daß wir uns als Kinder über das Größerwerden unseres Heimatdorfes gefreut haben, daß wir jedes neu gebaute Haus besucht und wie wir einen solchen Neubau als Gewinn empfunden haben. Das hat sich gründlich geändert. Die Einsicht, daß ein übergroßes Haus, ein übergroßes Unternehmen nicht schöner und besser sind als eines von mäßiger Größe, beginnt sich durchzusetzen. Wenn man dies ausspricht, bekommt man von Geschäftsleuten häufig zu hören, daß Wachstum, und zwar exponentielles Wachstum, eine durchaus natürliche und daher auch für menschliche Unternehmungen legitime Erscheinung sei. In der Tat wächst auch ein Tannenbäumchen »exponentiell«, es wächst ja nach allen Seiten gleichzeitig, also räumlich, und damit in grober Annäherung kubisch. Ich spreche in meinem Vergleich von biologischem und wirtschaftlichem Wachstum nur von pflanzlichen Individuen und sehe von deren Fortpflanzung durch Samen völlig ab; tatsächlich gibt es in der lebenden Natur kein Beispiel für rein lineares Wachstum.

Das Wachstum einer Pflanze und dasjenige eines industriellen oder kommerziellen Unternehmens haben so manches gemeinsam. Beide wachsen, wie schon gesagt, quasi-exponentiell, und beide finden es sehr schwer, das Wachstum auch nur für kurze Zeit einzustellen. Daß Pflanzen imstande sind, längere Ruhepausen einzulegen, wie etwa unsere Laubbäume im Winter und viele Wüstenpflanzen zur Trockenzeit, ist das Ergebnis einer besonderen Anpassung. Der Stoffwechsel kann auf ein Minimum herabgesetzt werden, der Organismus kann längere Zeit ohne Energiezufuhr »auf Sparflamme« existieren. Dem Unternehmen geht es ähnlich, nur schlechter, denn das investierte Kapital verlangt mitleidlos nach Rendite.

Wichtiger noch als die Ähnlichkeiten sind die Unterschiede zwischen den hier verglichenen lebenden Systemen. Wie schon das Sprichwort sagt, ist dafür gesorgt, daß die Bäume nicht in den Himmel wachsen. Stammesgeschichtlich festgelegte Grenzen natürlichen Alterns sind nicht vonnöten; rein physikalische Umstände, wie die wachsende Schwierigkeit des Flüssigkeitstransports, der Winddruck u. a. m., begrenzen das Größenwachstum. Ein menschliches Unternehmen dagegen ist potentiell unsterblich; seinem Wachstum ist nicht nur keine Grenze gesetzt, es ist sogar um so weniger störungsanfällig, je größer es geworden ist. Weltumspannende Konzerne gehen selten in Konkurs. Karl Marx hat völlig richtig vorausgesagt, daß infolge der größeren Lebenszähigkeit der großen Unternehmen ihr Weiterwachsen allmählich alle kleineren an die Wand drücken und in den Bankrott treiben wird. Vor allem der kleinste Unternehmer, der freie Handwerker, schien zum Aussterben verdammt zu sein. Daß diese Entwicklung in letzter Zeit ins Gegenteil umzuschlagen scheint, gibt Anlaß zum Optimismus.

Ein weiterer wichtiger Unterschied zwischen dem Wachstum einer Pflanze und dem eines Unternehmens liegt darin, daß die Pflanze im Laufe ihres individuellen Lebens ihre Methoden des »Verdienstes« nicht zu verändern vermag. Wenn die zu ihrem Wachstum nötigen Stoffe allmählich weniger werden, kann sie nur langsamer wachsen, und wenn sie ihre Nahrungsquellen völlig erschöpft hat, muß sie sterben. Das industrielle Unternehmen aber verbessert seine Methoden ständig. Mit dem Seltenerwerden der Wale wurde die Technik das Walfangs immer raffinierter. Daß dies in sehr absehbarer Zeit zum völligen Versiegen der Einnahmequelle führen muß, scheint den Unternehmen gleichgültig zu sein. Die großen Konzerne werden ganz sicher nicht daran zugrunde gehen, daß das Öl allmählich ausgeht; ihre Fähigkeit der Selbstregulierung ist zu groß. Schon heute beherrschen die Riesenunternehmen, die »Multis«, einen sehr großen Teil der wirtschaftlichen Welt. Die Lobby von Großkapitalisten zwingt die Menschen, sich der Tyrannis von »Experten« zu beugen, die durch Spezialisierung auf bestimmte Arbeitsgebiete beschränkt sind und sich ihrerseits gehorsam den Befehlen der Geldexperten fügen.

Aldous Huxley hat in seinen Büchern »Brave New World« und »Brave New World Revisited« das düstere Bild einer Zukunft entworfen, in der die Spezies *Homo sapiens* zwar überlebt und zu einem gegen alle Gefahren gesicherten, stabilen System geworden ist, in dem aber Menschsein und Menschlichkeit verschwunden sind.

Noch besteht Hoffnung, das Schicksal der Menschheit in eine andere Richtung zu lenken. Wenn das geschehen soll, müssen menschliche Moral und menschliche Wertempfindungen den Sieg über schier unwiderstehliche, phylogenetisch programmierte Verhaltenstendenzen des Menschen davontragen. Die Freude am Wachstum des Besitzes ist nicht die einzige Motivation, die uns Menschen ins Verderben treibt. Andere mächtige, instinktive Programme – die Machtgier, das Status-Streben – treiben alle in die gleiche Richtung. Die Erkenntnis, daß ein Unternehmen von mäßiger Größe wünschenswert ist, daß Dezentralisierung der Produktionsmittel unbedingt nötig ist, daß das ständig sich verschnellernde Wirtschaftswachstum zum Stillstand gebracht werden muß, hat es verzweifelt schwer, sich gegen das jetzt weltbeherrschende technokratische System durchzusetzen.

In einem speziellen Fall hat sich der Zwang

zum Wachstum größerer Unternehmen und zur Ausrottung kleinerer besonders übel ausgewirkt; er betrifft die Medien, besonders die Zeitungen. Jefferson, der große Optimist, begrüßte das Aufblühen der Zeitungen und meinte, wenn alle Menschen lesen könnten und wenn es den Zeitungen erlaubt sei, alles zu schreiben, so würde das allen Bürgern gemeinsame Wissen eine Übereinstimmung der Meinungen unaufhaltsam erzwingen. Jefferson hat noch erlebt, daß die Freiheit der Presse zur Verbreitung von Lügen ausgenützt werden kann. Da Zeitungsunternehmen, ganz wie Industriekonzerne, zum Wachsen und zum Zusammenschluß neigen, geht in der westlichen Zeitungswelt ein dauernder Abbau unabhängiger Meinungen vor sich, bis schließlich ganz wenige Medien gehorsam die Meinungen der größten Industriekonzerne verbreiten. Auch hier hat das quantitative Wachstum der schöpferischen Evolution ein Ende gesetzt.

Die Funktionslust

Eine weitere programmierte Verhaltensnorm, die in ihrer ursprünglichen Form segensreich für die Menschheit ist, aber unter den Bedingungen einer überorganisierten Massensozietät zum Fluch werden kann, ist die von Karl Bühler so benannte *Funktionslust*.

Lebewesen, die zu sehr komplexen gekonnten Bewegungen befähigt sind, d. h. zum Erlernen von Systemen zweckmäßiger Willkürbewegungen, führen solche Bewegungen gerne aus. Die ursprünglich zweckgerichtete Bewegungsfolge wird zum Selbstzweck, wie u. a. H. Harlow nachgewiesen hat: Er bot Rhesusaffen einen Köder in einer Kiste an, den sie erst durch Öffnen eines Schlosses erlangen konnten. Nachdem sie die schwierige Operation des Öffnens von Schlössern erlernt hatten, fanden sie daran so großes Vergnügen, daß man das Schloß seinerseits als Köder für andere zu erlernende Verhaltensweisen benützen konnte.

Jede gut gekonnte Bewegung macht für sich selbst Spaß, auch wenn sie unter sehr ungünstigen Verhältnissen und widerwillig erworben wurde. Sehr viele gekonnte Bewegungen werden ja vom Menschen um ihrer selbst willen, sogar um den Preis großer Geldsummen ausgeführt, man denke an Skilaufen, Eislaufen und sonstigen Sport. Ganz allgemein kann man sagen, daß die Bewegung um so mehr Funktionslust bietet, je schwieriger sie zu erlernen war.

Die Funktionslust ist also ein Segen für den arbeitenden Menschen. Jeder Mensch, der etwas kann, genießt die gekonnte Bewegung. Ein Tischler, der über Holz redet, sagt etwa: »Das hat sich wie Butter gehobelt«, und er gerät geradezu in Begeisterung, nicht anders als ein Skifahrer, der von idealem Pulverschnee erzählt. Ohne diese Freude am Können wäre natürlich die Alltagsarbeit des Menschen um vieles grauer und weniger erträglich.

Die Funktionslust kann sich auch auf die Bedienung komplizierter Maschinen oder auch auf rein geistige Operationen erstrecken oder sich mit solchen Operationen verbinden. Leute, die gut rechnen können, haben Freude am Rechnen. Diese Freude am Rechnen kann auch die Freude an der Rechenmaschine, am Umgang mit dem Computer, sein. Hier kommen noch andere Faktoren dazu: man kann sagen, daß heute der Computer und die Benützung eines Computers zum wissenschaftlichen Statussymbol geworden sind. Ich habe oft erlebt, wie junge Wissenschaftler, die mit Computern Bekanntschaft machten, auf diese Maschinen ähnlich reagierten wie kleine Buben auf ihre erste elektrische Eisenbahn. Es ist ganz sicher richtig und gesund, wenn sich ein moderner, auf Quantifizierung angewiesener Naturforscher bestmögliche Vertrautheit mit der Rechenmaschine verschafft, die er dann zum guten Zweck benützt. Leider aber kann die Lust an der Computerbedienung sich ebenso selbständig machen, wie es andere Tätigkeiten unter dem Einfluß der Funktionslust tun. Dann ist der Gebrauch des Computers nicht mehr Mittel zum Zweck, sondern geht mit in die Zwecksetzung ein. Mit anderen Worten: der junge Wissenschaftler wird Aufgaben bevorzugen, zu deren Lösung man den Computer ausgiebig benützen muß.

Die große Gefahr, die die Funktionslust im technokratischen Zeitalter heraufbeschwört, ist, daß sich die lustbetonte Tätigkeit zum Selbstzweck aufschwingt. Was eben von der Computerbedienung gesagt wurde, gilt auch für den gesamten Produktionsapparat.

Die Freude am Wettbewerb

Es ist sicherlich eine genetisch programmierte Verhaltensnorm des Menschen, daß einer den anderen in irgendeiner Tätigkeit, die er gut kann, zu übertreffen strebt. Schon bei höheren Tieren gibt es analoge Verhaltensweisen. Meistens handelt es sich um Formen des rituellen Kämpfens, wie etwa beim sogenannten Maulzerren vieler Buntbarsche (Cichlidae), von denen einige Formen, wie *Hemichromis bimaculatus*, auch einen Schnelligkeitswettbewerb kennen, den Alfred Seitz »Parallelgalopp« genannt hat. Ebenso wie bei diesen Buntbarschen ist auch das schon von William Beebe beschriebene Wettschwimmen von *Zanclus canescens* ein ritualisiertes Verhalten, das zweifellos aus Kampfbewegungen entstanden ist. Jeder kennt das Um-die-Wette-Laufen junger Hunde und besonders der Jungen fluchtfähiger Huftiere, bei denen Verfolgungsspiele die häufigste Form von Spielen sind. H. Hediger hat darauf hingewiesen, daß bei herbivoren »Fluchttieren« jeweils der Verfolgte, bei Raubtieren der Verfolger eifriger »bei der Sache« ist. Beim Menschen entsteht aus sehr verschiedenen Spielen ein Wettbewerb, der immer mehr den Charakter eines Kampfes annimmt. Es ist zu bedauern, daß sehr viele Formen des Sports durch diesen Vorgang ihres fröhlichen spielerischen Charakters mehr und mehr entkleidet wurden und damit nicht nur ihre streßlindernde Funktion verloren haben, sondern selbst zu einem bösen Streß geworden sind. Kein Tierfreund würde einem Tier die quälenden Anstrengungen zumuten, die eislaufbegabten Kindern zugemutet werden. Als Arzt möchte man sofort einschreiten, wenn man die völlige Erschöpfung in Mimik und Körperhaltung der jungen Eisläufer wahrnimmt, die eben im Wettkampf ihre Kür hinter sich gebracht haben.

Es gibt kaum ein Gebiet des menschlichen Lebens, auf das das Wettbewerbsstreben keinen Einfluß nähme. Was beim vormenschlichen Lebewesen und auch auf niedrigem kulturellen Niveau der Menschheit ein durchaus nützlicher und anregender Faktor war, wird mit dem Anwachsen der Kulturhöhe und der Populationszahlen zur Gefahr. Wenn zwei geschlossene Gruppen von Menschen in Wettbewerb treten, kommt unter Umständen die kollektive Aggressivität der noch zu besprechenden Begeisterung hinzu und trägt zum Eskalieren der Auseinandersetzung bei. Letzten Endes kann die unaufhaltsame Neigung zum Wettbewerb zum kollektiven Selbstmord der Menschheit führen.

Arbeitsteilung und Spezialisierung

Die Entstehung von begrifflichem Denken und Wortsprache bedeutet eine neue Leistung, die in analoger Weise Informationen gewinnt und speichert, wie es bis dahin die uralten Lebensfunktionen von Erbänderung und Selektion getan hatten. Da Wissen Wissen zeugt, verschnellert sich die kulturelle Entwicklung. Die Zunahme des kollektiven Wissens der Menschheit übertrifft also in rapide zunehmendem Maße die Wissenskapazität eines einzelnen Menschengehirns. Dies bedeutet, daß eine Teilung des Wissens zwischen Einzelmenschen nicht ausbleiben kann. Arbeitsteilung ist ein durchaus normaler organischer Vorgang. Schon bei den Urtierchen (Protozoa) sind Kern und Plasma geschieden und erfüllen verschiedene Funktionen. Für alle vielzelligen Tiere gilt dasselbe Prinzip, und je verschiedener die Teile werden, desto abhängiger werden sie naturgemäß voneinander und von der Ganzheit des Organismus. Einen Regenwurm kann man in mehrere Teile schneiden, und jeder Teil ist lebensfähig; schon ein Tausendfüßler überlebt nicht, wenn man ihn in zwei Teile schneidet.

Noch zur Zeit Leonardo da Vincis konnte ein Einzelner so ziemlich alles wissen, was in seiner Umwelt wissenswert war. Heute ist das anders. Der Einzelne vermag nur einen winzigen und von Jahr zu Jahr kleiner werdenden Teil des Menschheitswissens zu meistern. Außerdem zwingt die Überorganisation städtischer Zivilisation mit ihrem verderblichen Wettbewerb zu einer Hast, die dem Menschen kaum Zeit zur Bewältigung dessen läßt, was er können und wissen muß, um in seinem Beruf konkurrenzfähig zu sein. Schon in früher Jugend muß er sich für ein bestimmtes Fachgebiet entschließen, und was er da zu lernen hat, füllt seine Zeit so aus, daß er keine Zeit und auch keine Kraft mehr hat, sich mit anderen Wissensgebieten zu beschäftigen; am wenigsten aber hat er Zeit zum Nachdenken, zur Reflexion. Das Reflektieren aber ist eine für das Menschentum konstitutive Tätigkeit, und die Muße, die man dafür braucht, ist ein Menschenrecht.

Der Zwang zur Spezialisierung schränkt den Menschen nicht nur ein, er macht die Welt auch entsetzlich langweilig. Es ist meine feste Überzeugung, daß die »Sinn-Entleerung« der Welt, über die Viktor Frankl so Treffendes gesagt hat, zum erheblichen Teil Folge des Spezialistentums ist. Wenn man nämlich die Übersicht über die Welt als Ganzes verliert, kann man auch nicht mehr wahrnehmen, wie schön und wie interessant sie ist.

Bei den Eskimos ist jeder einzelne Mann imstande, alle Funktionen zu erfüllen, die in seinem Stamme notwendig sind. Er kann fischen, Seehunde speeren, ein Iglu oder einen Schlitten bauen usw. In unserer westlichen Kultur ist die Arbeitsteilung schon in den ältesten Mythen erwähnt. Apollo hat seine Harfe nicht selbst gemacht, Hermes tat es, der dazu der Schildkröte den Panzer und einer Ziege die Hörner stahl. Sowohl in der griechischen wie in der nordischen Sage gibt es einen Götterschmied, der hinkt. Was liegt näher als die Vermutung, daß ein starker Mann, der durch einen Unfall gehbehindert ist und nicht mehr auf Jagd- und Kriegszüge mitgehen kann, sich auf die Herstellung von Waffen und anderen Gegenständen verlegt und dies bald so gut kann, daß sich sein Spezialistentum sowohl für ihn selbst wie für seine Sozietät »lohnt«?

Wahrscheinlich hat es diese Form des »Fabrikanten« schon sehr früh gegeben. Schon zur Zeit des ersten Metallgebrauchs war wahrscheinlich nicht jedes Stammesmitglied in der Lage, ein Schwert oder eine Speerspitze zu gießen und zu schmieden. Heute ist kaum jemand mehr imstande, einen Gegenstand des täglichen Gebrauches selbst herzustellen. Ich könnte weder den Filzstift, den ich in der Hand habe, noch die Brille, die mir auf der Nase sitzt, selbst herstellen; die Metallscharniere, die Linsen und die Plastikteile meiner Brille z. B. sind sicher von drei spezialisierten Menschen (oder Fabrikationsmaschinen) gemacht worden.

Obwohl ich diese Bestandteile meines Brillengestells nicht herzustellen vermag, durchschaue ich doch noch einigermaßen ihre physikalischen Funktionen und bin imstande, sie im Notfall durch primitive Reparaturen mittels Draht und Isolierband wiederherzustellen.

Je komplexer menschliche Gebrauchsgegenstände werden, desto weniger Einsicht hat der

Konsument in ihre Funktion. Die Elektronik meines Farbfernsehers verstehe ich nicht einmal annäherungsweise. Dieses letzte Beispiel illustriert, daß ein völliger Mangel an Einsicht den Konsumenten nicht hindert, das mit höchster Intelligenz und Erfindungsgabe eines Spezialisten erdachte Instrument zu gebrauchen. Je spezieller diese Intelligenz, desto weniger kann Einsicht in die Arbeitsweise dieses Werkzeugs verlangt werden; dieses muß, um den äußerst treffenden österreichischen Ausdruck zu gebrauchen, völlig »deppensicher« sein.

Arbeitsteilung und Spezialistentum sind an sich nichts Pathologisches. Was aber in der Entwicklung der menschlichen Gesellschaft anders ist als im stammesgeschichtlichen Werden eines Organismus und bedrohlich, ist die übermäßige Konkurrenz zwischen den Teilen der ganzen menschlichen Gesellschaft. Es gibt keine Konkurrenz zwischen Organen eines Organismus, aber eine Autofabrik befindet sich im Wettbewerb mit anderen, obwohl die Autos beider Firmen dieselbe Funktion als Fortbewegungsorgan oder -prothese des Menschen haben. Was sich hier auf technologischem Gebiete abspielt, hat leider zwingende Parallelen auf dem Gebiete allgemein menschlicher geistiger Leistungen. Nicht anders als der technische Konstrukteur ist auch der Wissenschaftler zu extremem Spezialistentum gezwungen, wenn er überhaupt konkurrenzfähig bleiben will. Er hat einfach keine Zeit mehr, um sich mit anderen Spezialgebieten zu beschäftigen, die nicht sein Fach sind. Ja, es wird ihm sogar übelgenommen, wenn er das tut; man wirft ihm unwissenschaftlichen Dilletantismus vor, und man hält ihm das alte Sprichwort entgegen, das schon Hans Sachs widerlegt hat: »Schuster, bleib' bei deinem Leisten.«

Der Umstand, daß kein Spezialist genügende Kenntnis dessen besitzt, was sein Nachbar tut, hat unausweichlich zur Folge, daß jeder das eigene Spezialgebiet für das wichtigste von allen hält, was wiederum zu einer gefährlichen Verschiebung des Wirklichkeitsbewußtseins führt. »Wirklich« ist für jeden Menschen das, womit er in täglicher Wechselwirkung steht, womit er sich in seiner Tagesarbeit auseinandersetzen muß. Die allermeisten Menschen aber haben dabei nur mit Nicht-Lebendigem und meist mit vom Menschen selbst hergestellten Dingen zu tun und bekommen dadurch eine übertriebene Vorstellung davon, was für Menschen *machbar* ist. Sie haben den nötigen Respekt vor allem verloren, was der Mensch *nicht* zu machen vermag; sie haben verlernt, mit lebenden Dingen umzugehen, mit der Gemeinschaft der Lebewesen, in der und von der wir Menschen leben.

Der erzwungene Verzicht auf Einsicht

Die Überschätzung des eigenen engen Wissensgebietes verhindert nicht, daß ein Spezialist einem anderen unbeschränkte Autorität zuerkennt. Er ist dazu gezwungen, weil er unmöglich eine eigene Meinung über fremde Fachgebiete haben kann. Wie schon erwähnt, gebrauchen wir alle dauernd Werkzeuge, deren Funktionsweise wir nicht durchschauen und die wir nicht selber herzustellen vermögen.

Dieser Verzicht auf Einsicht ist unvermeidlich. Der Konsument, der ein ihm unverständliches Gerät gebraucht, muß sich genau an die Gebrauchsanweisungen halten, die der Produzent seinem Erzeugnis mitgibt. Je komplizierter ein Erzeugnis ist, desto weniger Einsicht in seine Funktionsweise kann sein Produzent beim Benützer voraussetzen; Automatisierung muß sie ersetzen, die Signale, die der Verbraucher empfängt, werden immer einfacher. Wo Automobile vor kurzer Zeit noch Öldruckmesser in Form von Manometern hatten, haben heute viele Typen nur noch ein rotes Licht, das den Fahrer warnt, wenn etwas mit der Ölzirkulation nicht in Ordnung ist.

Die Spezialisten aller Gebiete müssen es sich zur Gewohnheit machen, die Meinung anderer Spezialisten ungefragt hinzunehmen und sich auf sie zu verlassen. Dies öffnet die Türe für ein neues Spezialgebiet, ein neues Gewerbe: die Werbung.

Auch sie ist an sich nichts Böses oder Unbiologisches. Auch das Rotkehlchen, das in einem Baumwipfel sitzt, laut singt und dabei seine schöne rote Brust in der Sonne zeigt, wirbt für sich. Jeder balzende Vogel oder Fisch tut dasselbe. Alles sogenannte Imponiergehaben, wie z. B. die herrliche »Piaffe« des Hengstes, ist gleichzeitig Einschüchterung des konkurrierenden Männchens und Werbung um ein Weibchen. Wie wir im Kapitel über die Lüge und ihre bösen Folgen genauer besprechen werden, sind die Informationen, die werbende Tiere aussenden, durchaus verläßlich: Das Rotkehlchen mit der schönsten roten Brust und dem lautesten Gesang ist tatsächlich auch in jeder anderen Hinsicht das beste.

Auch der Mensch darf werben und muß es sogar. Der Wissenschaftler ist verpflichtet, in Rede und Schrift seine eigenen Erkenntnisse weiterzugeben und nach Möglichkeit zu verbreiten. Man erwartet, daß er wahrheitsgemäß informiert und durch vernunftgemäße Argumente überzeugt. Das ist in jeder Hinsicht erlaubt. Wenn eine Autofirma mitteilt, daß ihr neues Modell Vierradantrieb hat, ist dagegen nichts einzuwenden; dies gilt für alle Werbung, die Tatsachen über die Produkte mitteilt, für die geworben wird. Die Werbung arbeitet heute jedoch überwiegend mit einer ganz bestimmten Technik, die die Gefühle des Konsumenten anspricht und nicht den geringsten Versuch unternimmt, ihm verstandesmäßige Einsicht in die Struktur und Leistung des angepriesenen Produktes zu vermitteln.

Auch in einem demokratischen politischen System sollte die Allgemeinheit über das Für und Wider jeder Frage absolut ehrlich informiert werden. Diese Forderung kann jedoch nur erfüllt werden, wenn die Allgemeinheit diese Information auch versteht. Für dieses Verständnis sind die soeben besprochene Spezialisierung und die damit verbundene Beschränkung auf einzelne Wissensgebiete ein schwer überwindbares Hindernis. Der heutige Zivilisationsmensch fühlt sich nur auf seinem eigenen Spezialgebiet kompetent und begrüßt es geradezu, wenn er der Verantwortung für Probleme enthoben wird, die nicht sein Fachgebiet, sondern die Allgemeinheit betreffen. Er ist leider in machen Fällen bereit, sogar politische Meinungen als Fertigfabrikate zu kaufen, und verschiedene Meinungsproduzenten liefern ihm demgemäß diese Ware, für die sie in genau derselben Weise Propaganda machen wie die Produzenten von Konsumgütern.

Die Werbefachleute haben mit naturwissenschaftlicher Methode herausgefunden, daß es verfehlt ist, mit Vernunftgründen an das zu umwerbende Publikum heranzutreten. Es empfiehlt sich vielmehr, die tiefen, gefühlsmäßigen, ja, sogar die unterbewußten Schichten der menschlichen Seele anzusprechen. Es ist keineswegs wirksam, wissenschaftlich dozierend belehren zu wollen. Der Werbefachmann hat Erfolg, wenn er

Instinkte und Emotionen zu manipulieren versteht. Wer große Menschenmassen gewinnen will, benutzt den Schlüssel zu ihren »Herzen«, zu ihrem Unterbewußtsein. Dort sitzen die genetisch programmierten Verhaltensnormen, wie Furcht, Sexualität, Rangordnungsbedürfnis usw., die mit Hilfe mitleidloser Attrappenversuche manipuliert werden. So ziemlich alle instinktiven Gefühle und Emotionen können durch propagandistische Maßnahmen angesprochen werden; dabei ist es sehr wesentlich, daß der Angesprochene, wie Aldous Huxley sehr richtig sagt, sich nicht der Tatsache bewußt wird, daß er nur ein Symbol seines Wunsches vor sich hat und nicht dessen Erfüllung. Die Reklame für einen Badeanzug oder für eine Hautcreme scheint zu versprechen, daß die glückliche Käuferin genauso aussehen werde wie das werbende Fotomodell. Die Produzenten kosmetischer Artikel verkaufen, wie laut Huxley einer von ihnen selbst gesagt haben soll, »nicht Lanolin, sondern Hoffnung«. Lanolin ist billig; für die Hoffnung aber lassen sich die Produzenten den vielfachen Preis bezahlen.

Die gefährliche Wirkung dieser Art von Werbung liegt darin, daß sie die Menschen allmählich daran gewöhnt, Vernunft und Wahrheit gering zu achten.

Angesichts der im nächsten Abschnitt zu besprechenden Tatsache, daß auch die politische Propaganda alle Mittel einsetzt, fragt Aldous Huxley mit Recht, ob überhaupt Aussicht bestehe, die verantwortliche Vernunft der Menschen auf den Plan zu rufen, ob der Versuch, eine vernunftgesteuerte Entwicklung der menschlichen Gesellschaft zu erreichen, nicht sinnlos sei. Im Augenblick scheint es, als ob die menschliche Vernunft an der Übermacht einer Werbetechnik scheitern müßte, die nicht immer in moralischer Weise gehandhabt wird. Daß sie die Politik wie die Marktwirtschaft gleicherweise beherrscht, ist ein besonderer Grund zur Besorgnis.

Selbstverständlich ist diese Manipulation der Information im höchsten Maße schädlich. Bei der innerartlichen Kommunikation von Tieren hat sich lügnerische Propaganda nachweislich nicht bewährt, wie A. Zahavi überzeugend dargetan hat. Es steht zu erwarten, daß sich auch in der zwischenmenschlichen Kommunikation die Ehrlichkeit ganz allmählich als vorteilhafter erweisen wird. Ich habe sehr lange gelebt und bin dennoch Optimist. Ich glaube in den Medien einen gewissen Trend zu größerer Ehrlichkeit zu spüren.

Kollektiv-aggressive Begeisterung und politische Propaganda

»Die kommerzielle Werbung«, sagt Aldous Huxley, »hat es etwas leichter als die politische Werbung, die ein autoritärer Staat, ein Diktator nötig hat, weil von Anfang an jeder Mensch eine gewisse Vorliebe für Bier, Zigaretten, Kühlschränke und sonstige Produkte hat, während niemand sein Leben von Anfang an mit einer Vorliebe für Tyrannei und einen Tyrannen beginnt. Die kommerzielle Propaganda hat es nur insofern etwas schwerer, als gewisse Spielregeln befolgt werden müssen. Ein Propagandist für eine Molkerei, für Milchprodukte, Käse und Butter, würde vielleicht sehr gerne die Produzenten von Pflanzenfetten, von Margarine und Kunstöl total verteufeln und als Repräsentanten einer feindlichen tyrannischen Macht hinstellen und ihre Fabriken verbrennen. Das ist aber verboten, und der Kampf wird mit anderen Mitteln geführt.«

Der politischen Werbung kommt jedoch eine ursprünglich arterhaltende Verhaltensnorm des Menschen zugute, die in der Massensozietät der modernen Zivilisation besonders gefährlich werden kann: das Gefühl der kollektiv-aggressiven Begeisterung. Ursprünglich diente sie der Verteidigung der eigenen Gruppe, der Familie. Fast jeder Mann kennt das subjektive Erleben, das mit der hier in Rede stehenden Verhaltensweise einhergeht: Ein Schauer läuft einem über den Rükken und, wie man bei genauer Beobachtung feststellen kann, auch über die Außenseite der Arme. Man kann gar nicht umhin, diese Erregungsqualität als einen hohen Wert und das Prikkeln auf der Haut als »heiligen Schauer« zu empfinden. Schon das deutsche Wort Begeisterung drückt aus, daß der Mensch dabei von etwas Hohem, spezifisch Menschlichem, eben vom menschlichen Geist besessen sei. Das griechische Wort Enthusiasmus besagt noch mehr, nämlich daß ein Gott vom Menschen Besitz ergriffen habe.

An der göttlichen Natur dieses »heiligen Schauers« beginnt man zu zweifeln, wenn man die ganz sicher homologe Verhaltensweise unseres nächsten zoologischen Verwandten, des Schimpansen, kennt. In meinem Buch »Das sogenannte Böse« habe ich das objektiv beobachtbare Verhalten, das mit dem Erlebnis der Begeisterung einhergeht, folgendermaßen beschrieben: »Der Tonus der gesamten quergestreiften Muskulatur erhöht sich, die Körperhaltung strafft sich, die Arme werden etwas seitlich angehoben und ein wenig nach innen rotiert, so daß die Ellenbogen etwas nach außen zeigen. Der Kopf wird stolz angehoben, das Kinn vorgestreckt, und die Gesichtsmuskulatur bewirkt eine ganz bestimmte Mimik, die wir alle aus dem Film als ›Heldengesicht‹ kennen. Auf dem Rücken und entlang der Außenseite der Arme sträuben sich die Körperhaare; eben dies ist die objektive Seite des sprichwörtlich gewordenen ›heiligen Schauers‹.«

Dieses Sträuben des Haarpelzes ließ in verhältnismäßig naher Vergangenheit den drohenden Mann noch ein wenig furchterregender erscheinen. Immerhin muß die Bewegungsnorm aus Zeiten stammen, in denen der Mensch noch nicht so aufrecht stand wie heute. Das Sträuben der Nacken- und Rückenhaare ist dem feindlichen Gegenüber in dieser Stellung nicht mehr sichtbar; in der normalen Haltung des Schimpansen vergrößert es die Konturen in eindrucksvoller Weise. An der Homologie der Verhaltensmuster von Mensch und Schimpanse ist nicht zu zweifeln.

Wie andere instinktmäßig programmierte Verhaltensweisen werden auch die der kollektiv-aggressiven Begeisterung durch eine Kombination ziemlich scharf definierbarer Reizsituationen ausgelöst. Wie beim Schimpansen sind die Objekte, für deren Verteidigung wir uns begeistert einsetzen, *sozialer* Natur.

Der Mensch spricht mit geradezu reflexhafter Voraussagbarkeit auf Situationen an, die eine kämpferische Verteidigung irgendeiner sozialen Einheit verlangen. Diese Einheit kann ganz konkret die Familie, die Nation, die Alma Mater oder der Fußballklub sein oder auch ein Abstraktum, wie etwa das Arbeitsethos der Naturforschung, die Unbestechlichkeit künstlerischen Schaffens oder die »alte Burschenherrlichkeit«. Ganz wie dies auch bei anderen Emotionen der Fall ist, wird die Reaktion der Begeisterung nicht durch die Einsicht gehemmt, daß ihr Objekt so rückhaltlosen Einsatz wert ist.

Zu der Reizsituation, die kollektiv-aggressive Begeisterung auslöst, kann als ein wirksamer Schlüsselreiz das Vorhandensein einer Bedrohung der zu verteidigenden Werte gehören. Dem Demagogen ist sehr wohl bekannt, daß ein solches Feindbild auch dann seinen Zweck erfüllt, wenn es frei erfunden ist. Es kann ebensowohl als etwas Konkretes wie auch als etwas völlig Abstraktes dargestellt werden; »die« Ungläubigen,

Boches, Huns, Tyrannen usw. sind ebensogut verwendbar wie »der« Weltkapitalismus, Kommunismus, Imperialismus und viele andere -ismen.

Die besondere Gefährlichkeit des psycho-physiologischen Zustandes solcher Begeisterung liegt darin, daß in diesem Zustand dem Menschen alle Werte als nichtig erscheinen, mit Ausnahme des einen, für den er sich im Augenblick begeistert. Während man das subjektive Erlebnis der Begeisterung als »erhebende« Gefühlsqualität empfindet, fühlt man sich aus den Bindungen an alle Werte der alltäglichen Welt befreit; man ist bereit, alles liegen und stehen zu lassen, um dem Ruf einer »heiligen Pflicht« zu gehorchen.

Heinrich Heine läßt seine Helden – für mein Empfinden ohne Ironie – sagen: »Was schert mich Weib, was schert mich Kind, ich trage weit bessres Verlangen, laß sie betteln gehen, wenn sie hungrig sind. Der Kaiser, der Kaiser gefangen!« Wenn der Wert der eigenen Familie in diesem Zustand kollektiver Begeisterung vernachlässigt wird, ist es nicht verwunderlich, daß auch andere soziale Verhaltensnormen in den Hintergrund treten. Vor allem verlieren leider alle instinktiven Hemmungen, Mitmenschen zu schädigen und zu töten, viel von ihrer Macht. Eine merkwürdige Verschiebung der Wertvorstellungen läßt vernunftmäßige Erwägungen dann oft geradezu als erniedrigend und entehrend erscheinen; Kritik und Argumente, die gegen das Verhalten sprechen, das mitreißende Begeisterung diktiert, werden haltlos. Ein ukrainisches Sprichwort sagt: »Wenn die Fahne fliegt, ist der Verstand in der Trompete.«

Man kann dieses Sprichwort ins Hirnphysiologische übersetzen: Wenn das Zwischenhirn spricht, bringt es den Neocortex zum Schweigen. Die Demagogen wissen das seit langem und rechnen bei ihren Propagandamaßnahmen leider zu Recht mit völligem Schweigen jeglicher Großhirntätigkeit bei den zu beeinflussenden Massen. In »Mein Kampf« spricht sich Hitler erstaunlich offenherzig über seine Methoden aus. Er kennt alle Strategien auf Werbung zielender moderner Massenpsychologie, er kalkuliert die kumulierende Wirkung der Mit-Mitgerissenen ganz richtig ein und würdigt die suggestive Wirkung des Zusammen-Marschierens und -Singens. In meinem Buch »Das sogenannte Böse« habe ich geschrieben: »Mitsingen heißt dem Teufel den kleinen Finger reichen.«

Als ich jenes Buch schrieb, meinte ich, der Krieg, das Aggressiv-Werden einer ganzen ethnischen Gruppe gegen eine andere, sei institutionell und damit kulturabhängig. Als ein Meinungsgegner aufgrund eines Mißverständnisses seine Schrift betitelte »War is not in our genes« (Der Krieg ist nicht in unseren Genen programmiert), war meine Antwort: »Das habe ich doch nie behauptet.« Leider haben inzwischen Beobachtungen, die Jane Lawick-Goodall an freilebenden Schimpansen gemacht hat, bei diesen das Vorkommen echter kriegerischer Unternehmungen nachgewiesen. Dabei zeigen die »Kriegshetzer« (»war mongers«) Ausdrucksbewegungen, die genau den oben geschilderten menschlichen entsprechen: Sie steigern sich gegenseitig in »Begeisterung«, d. h. kollektive Aggressivität, hinein und greifen dann geschlossen eine benachbarte Schimpansenhorde an, und zwar zuerst deren stärkstes Männchen. In kurzer Zeit hatten sie im beobachteten Fall alle Individuen des feindlichen Stammes umgebracht. Da man diesen Menschenaffen kaum kulturelle Institutionen zuschreiben möchte, muß man schließen, daß die Aktions- und Reaktionsnormen des kollektiven Angriffes eben doch genetisch programmiert sind.

Um so notwendiger ist es, die Menschheit, vor allem die jungen und begeisterungsbereiten Menschen, gegen die Gefahren zu wappnen, die ihnen aus den eigenen Reaktionsnormen und aus dem berechnenden Gebrauch erwachsen, den die Demagogie von diesen macht. Daß die angeborene, allgemein menschliche Fähigkeit, sich für bestimmte Werte zu begeistern, in höchstem Maße gefährlich werden kann, besagt jedoch nicht, daß sie *entbehrlich* sei. Wie im Abschnitt über Wertempfindungen auseinandergesetzt wurde, würde der gesamte Apparat der menschlichen Ratio und der menschlichen Vernunft jeglichen dynamischen Antriebs entbehren, wenn nicht instinktmäßig programmierte Verhaltensnormen als Motor der ganzen Maschinerie wirkten. Verhaltensprogramme sind nur in seltensten Grenzfällen völlig »geschlossen«;

ebenso selten sind, im Sinne von Ernst Mayr, »offene Programme«, nämlich solche, die fast ausschließlich durch erlerntes Verhalten bestimmt werden. Während subjektives Erlebnis, Ausdrucksbewegungen und Dämpfung oder gar Abschaltung aller anderen Wertempfindungen kennzeichnend für jede Art von Begeisterung sind, ist ihr Objekt weitgehend durch Erworbenes bestimmt. Sofern die schon erwähnten Schlüsselreizsituationen geboten sind, kann die kollektiv-aggressive Begeisterung ein abstraktes Ideal oder ein ganz konkretes, z. B. einen Fußballklub, zum Gegenstand haben.

Wir kennen einen anderen Vorgang der Objektwahl, durch den ein sehr komplexes, sonst weitgehend in sich geschlossenes Verhaltensprogramm auf ein Objekt fixiert wird, die sogenannte *Prägung*. In den meisten Fällen liegt ihre Funktion in der Fixierung *sozialer* Verhaltensweisen auf ihr richtiges Objekt, d. h. auf den Artgenossen. Ein Kennzeichen dieser Art von Objektprägung ist ihre Unwiderruflichkeit. Gerade diese Eigenschaft lenkte die Aufmerksamkeit des Forschers auf die Eigenart des Vorganges: Von Menschen künstlich großgezogene Tiere verschiedener Arten erwiesen sich als untauglich zur Zucht, weil alle ihre sexuellen Verhaltensweisen irreversibel auf den Menschen fixiert waren. Der Objektfixierung der Begeisterung haften gewisse prägungsähnliche Züge an. Wie wir bereits besprochen haben, gibt es beim Menschen eine Phase der individuellen Entwicklung, in der der

Heranwachsende besonders geneigt ist, neue Werte zu den seinen zu machen und die der elterlichen Tradition fallenzulassen. Dieser Vorgang einer Bindung hat gewisse Ähnlichkeiten mit der Prägung. Doch ist die sensitive Phase, die hier zu vermuten ist, weniger scharf begrenzt, und die Wahl des Objektes ist nicht unwiderruflich. Glücklich der, der in der sensitiven Phase der Jugend Ideale findet, die zu vertreten des vollen Einsatzes eines humanen Menschen wert sind.

Indoktrinierung

Die Demagogen aller Zeiten waren und sind sich der Tatsache bewußt, daß der Mensch jenen Idealen am treuesten dient, die er in seiner Jugend zu den seinen gemacht hat. Sie wußten und wissen die oben erwähnten Schlüsselreize künstlich herzustellen und einzusetzen.

Man muß mit einem wirklich einer Doktrin ergebenen jungen Menschen diskutiert haben, um sich ein richtiges Bild davon zu machen, mit welcher totalen Unbekümmertheit der früh Begeisterte für alle Gegenargumente taub ist und alle anderen Werte verneint. »Was schert mich Weib, was schert mich Kind . . .« ist ein schwacher Ausdruck für die Gesamtheit aller Dinge, die den Begeisterten nicht mehr scheren. Am merkwürdigsten ist dabei die Tatsache, daß eine solche restlose Hingabe an eine Doktrin dem Indoktrinierten das vollkommene und offenbar restlos beglückende Gefühl persönlicher Freiheit verleiht. Der Gefangene identifiziert sich eben vollständig mit den Idealen, die der Doktrinär ihm eingab; er fühlt die Zwangsjacke nicht, in der er steckt. Der völlig Indoktrinierte merkt nichts davon, daß er eines konstitutiven Merkmals wahren Menschentums verlustig gegangen ist, nämlich der Freiheit des Denkens. Die Miene der absoluten Überzeugung, die er dabei aufsetzt, ist geeignet, im Gesprächspartner eher Ärger auszulösen als das Mitleid, das der Indoktrinierte tatsächlich verdient.

Das entsprechende Syndrom von Ausdrucksbewegungen habe ich zum erstenmal in Amerika bewußt beobachtet: an einem Studienkollegen, der ein sogenannter »revivalist« war, d. h. Anhänger einer Strömung, die das Christentum aktiv und dynamisch zu beleben trachtet. Ich habe damals schon genug von Evolutionslehre gewußt, um mit diesem jungen Menschen über Glaubenssätze der Genesis zu diskutieren. Dabei habe ich erstmalig die Starrheit der Indoktrination kennengelernt. Auf manchen modernen sowjetischen und sogar chinesischen Plakaten ist der Ausdruck indoktrinierter Begeisterung ganz eindeutig dargestellt.

Aufs nächste vertraut mit dem Ausdruckssyndrom indoktrinierter Begeisterung wurde ich während meiner Kriegsgefangenschaft in der UdSSR von 1944 bis 1948. Dort machte ich auch eine Erfahrung, die mir von meiner Bekanntschaft mit dem jungen Revivalisten in New York im Jahre 1922 in lebhafter Erinnerung war: Der von einer Doktrin wirklich Begeisterte hält es für seine Pflicht, Proselyten zu machen. Viele jüngere Militärs und Ärzte, mit denen ich während meiner ärztlichen Tätigkeit in der Sowjetunion näher bekannt wurde, unternahmen an mir Bekehrungsversuche. Wenn einer dieser Leute begann, freundlicher zu werden und dem Gefangenen gegenüber seine steife Zurückhaltung abzulegen, konnte ich geradezu voraussagen, wann der Bekehrungsversuch kommen würde. Dabei war mit großer Regelmäßigkeit der missionsbeflissene Sowjetbürger ein uranständiger und netter Mensch, in vielen Fällen »hatte ich nicht das Herz«, ihm einzugestehen, wie unannehmbar seine Doktrin mir war.

Eines aber ist mir bei diesen Missionsversuchen von sowjetischer Seite her klar geworden, was mir bei den Bekehrungsversuchen der Revivalisten entgangen war. Es ist das die Tatsache, daß die sozial am besten veranlagten, gutherzigsten und anständigsten Menschen gegen die Anschläge des indoktrinierenden Demagogen besonders wehrlos sind. Vor allem hindert sie eine wirkliche Tugend, nämlich ihre Treue, daran, sich von der Doktrin zu lösen, selbst dann, wenn sie ihre Wertlosigkeit voll durchschaut haben. Wenn man die Tragik dieser Treue eingesehen hat, fühlt man die Verantwortlichkeit, die Jugend vor den Leimruten der Indoktrination jeder Art zu bewahren.

9. Kapitel

Irrgänge des menschlichen Geistes

Überwertige Ideen und Neurosen

Im vorangehenden Kapitel war von Verhaltensnormen die Rede – seien sie nun genetisch oder traditionell festgelegt –, die an sich durchaus sinnvoll und gesund sind und nur dadurch zu Fehlleistungen führen, daß die wachsende Masse der Menschen, die Menge des Besitzes und die gewaltigen zur Verfügung stehenden Energien Umgebungsbedingungen schaffen, auf welche besagte Normen nicht mehr passen. Es ist etwas wesensmäßig völlig anderes, wenn das Verhalten des Menschen selbst »verrückt« wird. Die in der heutigen Zivilisation so ungemein häufigen Neurosen, die falsche Bewertung von Wirklichkeit und Wichtigkeit vieler Dinge bringen es mit sich, daß der Mensch, sowohl kollektiv als auch individuell, anstrebt, was ihm schadet. Scharfe Grenzen zwischen den beiden Erscheinungen gibt es natürlich nicht.

Die Neurose kann recht gut als ein Vorgang definiert werden, der bestimmte Ideen überwertig werden läßt, bis sie allmählich die ganze Persönlichkeit eines Menschen beherrschen und schließlich alle anderen Motivationen zum Schweigen bringen. (Es wäre ein Mißverständnis zu glauben, daß ich alle zu besprechenden Störungen aufgrund verdrängter Konflikte erklären möchte. Wir haben den menschlichen Geist als eine *kollektive* Erscheinung definiert, als jenes gemeinsame Wissen, Können und Wollen, das dem Menschen durch sein begriffliches Denken und seine syntaktische Sprache verliehen ist. Unter »Geisteskrankheiten« verstehe ich hier folgerichtig nur Erkrankungen des kollektiven Geistes der Menschheit; ich nenne sie epidemische Neurosen.

Leider ist nahezu allen in der heutigen westlichen Zivilisation grassierenden Neurosen der oben gegebenen Definition gemeinsam, daß sie gerade jene Eigenschaften und Leistungen unterdrücken, die wir als konstitutiv für wahres Menschentum erachten. Ein typisches Beispiel für eine Neurose, von der die Persönlichkeit des Menschen allmählich »aufgefressen« wird, so daß er für nichts anderes mehr Interesse hat, ist die Geldgier. Eine Verhaltensnorm des Besitzenwollens ist natürlich auch normalerweise vorhanden; ob sie auf einem genetischen Programm beruht, ist zweifelhaft. In unserer Kultur bestehen sicher einige positive Rückwirkungen zwischen den Motivationen des Wettbewerbes und des Besitzenwollens; außerdem scheint bereits erworbener Besitz eine positive Rückwirkung auf den

Drang zum Erwerben weiterer Reichtümer auszuüben. Die pathologische Natur der in Rede stehenden Erscheinung drückt sich in der Macht aus, die sie über den Erkrankten ausübt. Er arbeitet härter als der Sklave des grausamsten Herren.

Der Trieb, den Mitmenschen zu überflügeln, führt ebenfalls zu überwertigen Ideen, unter deren Zwang viele heutige Zivilisationsmenschen stehen. Das Bestreben, um jeden Preis »Karriere« zu machen, ist kennzeichnend für unsere »Erfolgsgesellschaft«.

Am schlimmsten wirkt sich der Wettlauf der Menschen auf finanziellem Gebiete aus; »time is money« ist eine wahre, aber höchst bedauerliche Feststellung.

Eine dritte Motivation, die mit dem süchtig gewordenen Trieb, Geld zu erwerben und das Wettrennen zu gewinnen, zusammenspielt, ist das angeborene Rangordnungsstreben des Menschen, von dem schon im Abschnitt über Wettbewerb die Rede war. Alle drei zusammen bilden einen Teufelskreis, in dem die Menschheit immer schneller und schneller herumwirbelt und aus dem nur schwer ein Ausweg zu finden ist.

Theoretische und praktische Auswirkungen des Szientismus

Im zweiten Teil des Buches wurde davon gesprochen, daß der Szientismus oder ontologische Reduktionismus allem subjektiven Erleben den

Charakter des Realen abspricht; hier, im Abschnitt über Erkrankungen des kollektiven menschlichen Geistes, ist wesentlich, daß er den Wertunterschied zwischen einfacheren und komplexeren lebenden Systemen, wie Teilhard de Chardin richtig gesehen hat, völlig verschwinden läßt. Den Schaden, der damit angerichtet wird, möchte ich durch ein einfaches Beispiel illustrieren. Die Aussage, daß Lebensvorgänge chemisch-physikalisches Geschehen seien, ist vollkommen richtig. Was könnten sie denn anderes sein, zumindest für den Wissenschaftler, der sich radikal weigert, an Wunder zu glauben? Dagegen ist die Aussage »Lebensvorgänge sind eigentlich nichts anderes als chemisch-physikalische Vorgänge« eindeutig falsch. Gerade hinsichtlich dessen, was für die Lebensvorgänge wesentlich und ihnen allein zu eigen ist, unterscheiden sie sich von anderen chemisch-physikalischen Vorgängen. Noch deutlicher wird die irreführende Wirkung des ontologischen Reduktionismus, wenn ich zwei andere Aussagen miteinander in einen Vergleich setze, der einen noch größeren Wertunterschied überspannt: »Der Mensch ist ein Säugetier aus der Ordnung der Primaten« ist ebenso offensichtlich richtig wie die Aussage, der Mensch sei »eigentlich nichts anderes als ein solches«, offensichtlich falsch ist. Julian Huxley hat für solche Fehler die wunderbare Bezeichnung »nothing-else-buttery« geprägt.

Der Wissenschaftler darf sich nicht dem Wahn hingeben, er sei unabhängig von der öffentlichen

Meinung der Gegenwart. Der gefährliche Zeitgeist, der heute die Welt beherrscht, ist aus einer Verschiebung des Wirklichkeitsbewußtseins geboren, von dem die Mehrzahl der westlichen Zivilisierten ergriffen sind. Thomas Luckmann und Peter Berger haben in ihrem Buch über die soziale Konstruktion der Wirklichkeit gezeigt, daß ein Mensch nur das für wichtig und vor allem für *wirklich* halten kann, was in der Sozietät, in der er aufwächst, für wichtig und wirklich gilt und womit er außerdem täglich selbst in Wechselwirkung steht. Die meisten zivilisierten Menschen sind heute Stadtbewohner oder verrichten zumindest ihre Arbeit in der Stadt. Sie haben in ihrem täglichen Leben fast nur mit nichtlebendigen, vor allem mit menschengemachten Dingen zu tun und gelernt, mit ihnen umzugehen. Sie haben aber verlernt, mit Lebendigem umzugehen; sie behandeln es, wo immer sie mit ihm in Berührung kommen, mit schier unglaublicher Kurzsichtigkeit und vernichten das, wovon wir leben. Weil alles, womit sie täglich umgehen und was sie für wirklich halten, vom Menschen gemacht ist, halten sie alles für *machbar*; daß Lebendiges, das einmal vernichtet ist, nicht wieder lebendig gemacht werden kann, wird ihnen vielleicht nie bewußt oder verdrängt. Die falsche Vorstellung, daß schlechterdings alles machbar sei, wird durch die ungeheure Macht bestärkt, die der Menschheit aus den Erkenntnissen der exakten Naturwissenschaften erwachsen ist. Diese Wissenschaften wiederum sind auf analytischer Mathematik begründet und können jedem, der ihnen keinen Glauben schenkt, die Beweise ihrer Richtigkeit vorrechnen.

Diese erkenntnistheoretischen Irrgänge haben nun in praktischer Hinsicht unheilvolle Folgen, die ihrerseits eine »positive« Rückwirkung auf den epidemischen Irrsinn ausüben. Die Wirklichkeitsverschiebung, die der moderne Stadtmensch dadurch erleidet, daß er nur mit nicht lebendigen, menschengemachten Dingen zu tun hat, befällt leider in ihrer akutesten Form Menschen in Machtstellungen, die eigentlich die Verantwortung für Wohl und Wehe der Menschheit tragen sollten. Was für sie wirklich ist, worauf sie wirken und was Gegenwirkungen auf sie ausübt und woran sie dauernd denken müssen, sind *Einfluß* und *Geld*. Das Geld läßt sich ungemein leicht quantifizieren, mit Geld kann man rechnen, Währungen lassen sich manipulieren. Was Wunder, daß die Ökologen für »nostalgische Träumer« gehalten werden, wenn sie mahnen, daß bares Geld und Gold nur Symbole sind und daß man Lebensnotwendigkeiten, wie reine Luft und unvergiftetes Wasser, sehr bald für alles Geld der Welt nicht mehr werde kaufen können.

Mehr als andere epidemische Neurosen der heutigen Zeit hat die Wirklichkeitsverschiebung, von der die heutige Weltwirtschaft ergriffen ist, Einfluß auf das wissenschaftliche Denken genommen. Jeder Wissenschaftler, und sei es der größte, ist Kind seiner Zeit und muß es sein, sonst würde er gar nicht verstanden. Allerdings wird es eine außerordentlich schwierige Aufgabe für die Naturwissenschaft sein, sich der Macht der ontologischen Reduktionisten zu widersetzen.

Vierter Teil

Die gegenwärtige Lage der Menschheit

10. Kapitel

Das technokratische System

Prinzipieller Optimismus

Die Lage, in die die Menschheit sich durch ihre eigenen Geistesleistungen gebracht hat, ist, kurz gesagt, verzweifelt. Dennoch teilen wir nicht die Anschauung Oswald Spenglers, daß das Schicksal unserer Kultur besiegelt sei. Wer Karl Popper gelesen hat, ist ganz im Gegenteil davon überzeugt, daß jeder Versuch, die Zukunft vorauszusagen, logisch unmöglich ist. Das System der menschlichen Gesellschaftsordnung, mit dessen Erkrankungen wir es in diesem Buche zu tun haben, ist ganz eindeutig das komplizierteste System auf unserem Planeten. Ich habe mich in diesem Buch bemüht, die Reihenfolge der Abschnitte so zu gestalten, daß die Krankheitserscheinungen verständlich werden, die von den im zweiten Teil behandelten Fehlleistungen des menschlichen Geistes hervorgerufen worden sind. Wenn wir die jetzt herrschende Gesellschaftsordnung als das »technokratische System« bezeichnen, so deshalb, weil die Technik sich als

Tyrann der Menschheit zu etablieren droht. Eine Tätigkeit, die ihrem Wesen nach Mittel zum Zweck sein sollte, wurde zum Selbstzweck. Die der Technologie zugrundeliegenden Wissenschaftszweige werden überbewertet, die Bedeutung aller anderen wird unterschätzt. Der Szientismus (3. Kapitel) und alle seine gefährlichen Auswirkungen stehen mit der Technokratie in ursächlicher Wechselwirkung.

Die Komplikation des technokratischen Systems macht eine genaue Einsicht in die Einzelheiten seines Wirkungsgefüges grundsätzlich unmöglich. Wir müssen uns daher von vornherein darüber im klaren sein, daß der menschliche Geist hier ein System geschaffen hat, dessen Komplikationen zu überblicken seine eigene Komplexität nicht ausreicht. Dennoch ist es sinnvoll, eine Darstellung der *Störungen* zu unternehmen, die die weitere Funktion des Systems bedrohen. Auch ohne vollkommene Einsicht in das gestörte System kann man die Ursachen von Störungen erkennen und sinnvolle Gegenmaßnahmen ergreifen. Auch ohne eine durchdringende Einsicht in alle Einzelheiten der herrschenden Gesellschaftsordnung beginnt sich bei jungen Menschen die Meinung durchzusetzen, daß das explosive Wachstum von Bevölkerung und Wirtschaft zur Katastrophe führen muß und daß die fortschreitende Arbeitsteilung und Überorganisation zur geistigen Verarmung der Menschheit und zum Verlust wesentlicher Menschenrechte zu führen droht.

Das herrschende System hat in Wirtschaft und Technik Entwicklungsvorgänge in Gang gesetzt, die schwer oder nicht rückgängig zu machen sind und die Menschheit als Spezies mit dem Untergang bedrohen. Ich habe diesen Gefahren das Buch »Die acht Todsünden der zivilisierten Menschheit« gewidmet. Hier ist von anderen Gefahren die Rede, die zwar mit den oben genannten zusammenhängen, aber nicht den Tod der Menschheit, sondern den Abbau ihrer Menschlichkeit betreffen. Es besteht durchaus die Möglichkeit, daß die Menschheit dem Untergang durch Vergiftung, Überbevölkerung, Radioaktivität usw. entgeht, daß aber dabei eine starre staatliche Organisation der Menschheit entsteht, von der ihre weitere Entwicklung in eine absteigende Bahn gezwungen wird.

Kommerzielle Unternehmen werden um so stabiler, je größer sie werden. Es ist durchaus denkbar, daß sich die Großkonzerne aller Länder zu einer weltbeherrschenden Macht vereinen. Damit wäre die offene Gesellschaft, von deren Existenz, wie Karl Popper überzeugend gezeigt hat, das Weiterbestehen unseres Menschentums abhängt, vernichtet. Eine geschlossene Gesellschaft ist per definitionem *unmenschlich.* Aldous Huxley hat in seinen Büchern »Brave New World« und »Brave New World Revisited« ein schauerliches Bild einer zukünftigen Kultur entworfen: In dieser Welt hält eine strenge Organisation große Menschenmassen in erzwungener und bis in kleinste Einzelheiten tyrannisch festgelegter Arbeitsteilung – eine Organisation, die sich auf einen ungeheuren Schatz gesamtmenschlicher »wissenschaftlicher« Information gründet, dem Einzelmenschen jedoch gezielt nur einen minimalen Anteil dieses Gesamtwissens zugänglich macht. Dennoch fühlt sich der Einzelmensch glücklich und zufrieden, weil ihm von der Wiege an eine wohlerprobte Indoktrinierung aufgezwungen und Zufriedenheit durch Psychopharmaka ermöglicht wird.

Ein Herrschaftsapparat mit einem System von Doktrinen, wie das von Aldous Huxley so erschreckend ausgemalte, entwickelt bei längerem Bestehen stets Mechanismen, die dazu angetan sind, jede Häresie zu unterdrücken. Alle menschlichen Reaktionen der Treue, Loyalität, Begeisterung werden gezielt motiviert und kanalisiert, um Dissidenten als dumm, schlecht, verräterisch zu brandmarken oder für verrückt zu erklären. Je größer ein solches System wird, je größer die Massen werden, die an seine Satzungen glauben, desto größer wird auch seine suggestive Wirkung, und desto wirksamer werden die in Rede stehenden Erscheinungen der »Selbst-Immunisierung«, wie T. Kuhn sie genannt hat. Es ist eine alarmierende Tatsache, daß die Erscheinungen der Selbstimmunisierung auch im Bereich der wissenschaftlichen Meinungsbildung schon bemerkbar werden. Offenbar ist dies eine Folge der »Vermassung« der Wissenschaft: Es sind deren zu viele, die neue Gedankengänge nicht anerkennen wollen. Die Selbstimmunisierung wissenschaftlicher Meinung könnte zum völligen Versiegen der naturwissenschaftlichen Erkenntnis führen.

Man kann es auf etwas makabere Weise als ein Glück bezeichnen, daß Menschen von der heute durchschnittlichen genetischen Veranlagung die totale Einordnung in die technokratische Gesellschaftsordnung nicht ertragen würden. Wir sind mit Erich Fromm der Meinung, daß nur ein völlig abwegig veranlagter Mensch unter den Lebenszwängen der heutigen Zivilisation schweren psychischen Störungen entgehen kann.

Die gewaltige Menge der heute lebenden Menschen bietet einen gewissen Rückhalt gegen schnelle genetische Veränderungen, es ist aber nicht vorauszusagen, wie lange der »gene pool« der heutigen Menschheit, so groß er auch sein mag, einem *Selektionsdruck* standhalten wird, der in *schärfster Weise* Bereitschaft zur kritiklosen *Unterordnung und Indoktrinierbarkeit bevorzugt.* Immerhin ist es den Menschen innerhalb verhältnismäßig kurzer historischer Zeiträume gelungen, bei seinen Haustieren den Drang nach Selbständigkeit und Bewegungsfreiheit so gut wie völlig »wegzuzüchten«.

Die schöpferischen Faktoren der Evolution, vor allem die freie Erbänderung und die Selektion, haben den menschlichen Geist geschaffen. Dann aber hat der menschliche Geist die Wirkung der Selektion außer Kraft gesetzt, indem er es fertigbrachte, fast alle feindlichen Einwirkungen der Außenwelt – Raubtiere, Klima, Infektionskrankheiten usw. – so gut wie völlig auszuschalten. Jetzt steht der Mensch aufrecht auf dem Gipfel der Schöpfung: »Steh oder falle!« Die Labilität seines aufrechten Standes kann fürwahr als Symbol für die Unsicherheit seiner Lage gelten!

Wie ich im 5. Kapitel zu zeigen versuchte, tragen viele von den angeborenen und auch traditionellen Verhaltensnormen des Menschen, die »eben noch«, vor historisch kurzer Zeit, wohlangepaßte Programmierungen des sozialen und wirtschaftlichen Verhaltens gewesen waren, heute zum Untergang des Menschlichen bei. Wie schon gesagt, geht die kulturelle Veränderung so schnell vor sich, daß keinerlei Hoffnung auf eine phylogenetische Anpassung an die neuen Verhältnisse zu erwarten ist.

Die schöpferische Wirkung der Selektion ist jedoch nicht nur fortgefallen; sie hat sich in ihr Gegenteil verkehrt. Die heute noch wirksame Selektion zielt in Richtung der Verderbnis. Die Hoffnung, daß eine *kulturelle* Entwicklung der genetischen »Sacculinisierung« (siehe 2. Kapitel, Seite 52) entgegenwirken könnte, scheint gering.

Es besteht guter Grund zu der Annahme, daß die kulturelle Höherentwicklung nicht anders als die phyletische wesentlich davon abhängt, daß jenes Spiel universeller Wechselwirkung, das offenbar die Voraussetzung für als »aufwärts« gerichtete kreative Entwicklung bildet, sich zwischen *verschiedenen* Kulturen vollzieht.

Das technokratische System, das heute die Welt beherrscht, ist im Begriff, alle kulturellen Verschiedenheiten einzuebnen. Alle Völker der Erde, mit Ausnahme der sogenannten unterentwickelten, produzieren mit der gleichen Technik die gleichen Artikel, pflügen mit den gleichen Traktoren die Felder der gleichen Monokulturen und kämpfen mit den gleichen Waffen. Vor allem aber konkurrieren sie auf demselben Weltmarkt und tun ihr Bestes, mit den gleichen Propagandamethoden einander den Rang abzulaufen. Die qualitativen Verschiedenheiten, die im Zusammenspiel schöpferisch wirksam werden könnten, verschwinden mehr und mehr. Der Verfall kultureller Werte entspricht, wie B.-O. Küppers gezeigt hat, dem Schwinden natürlicher Vielfalt.

Es ist ein verderblicher wirtschaftswissenschaftlicher Irrtum, daß die »natürliche Selektion« der freien Marktwirtschaft ebenso sicher als schöpferische Segensmacht betrachtet werden dürfe wie die des Artenwandels. Die Auslesekriterien im Wirtschaftsleben sind ausschließlich solche des schnellen Machtgewinns. Das wirtschaftswissenschaftliche Wertkonzept hat nach Küppers ausgesprochen normativen Charakter und verliert damit automatisch seine zeitliche Allgemeingültigkeit. Wie ich im Abschnitt über kulturelle Evolution (im 3. Kapitel) zu zeigen versuchte, erzeugt übergroße Konservativität »lebende Fossilien«, allzu große Veränderlichkeit dagegen lebensunfähige Monstren. Das gilt für die Kulturentwicklung ebenso wie in der Stammesgeschichte.

Die allzuschnelle Entwicklung einer von Technik beherrschten Kultur bringt es mit sich, daß oft kurzsichtig Richtungen eingeschlagen werden, aus denen es kein Zurück gibt. Viele Vorgänge in unserer technischen Zivilisation sind Regelkreise mit positiver Rückkoppelung und, einmal in Gang gesetzt, schwer aufzuhalten. Wirtschaftswachstum und die beim Konsumenten durch Propaganda erzeugte Bedürfnissteigerung sind ein Beispiel hierfür. Das Krasseste aber ist die Nutzung von Kernenergie: Ein Kernkraftwerk hat eine Lebensdauer von höchstens 20 bis 30 Jahren, bleibt aber für ungefähr 20 000 Jahre – die Halbwertszeit des Atommülls – unverändert radioaktiv. Da jedes Kernkraftwerk die erzeugte Energie verkaufen will und muß, lockt es alsbald eine entsprechende Industrie hervor, die nach den erwähnten 20 bis 30 Jahren den Bau eines neuen Kernkraftwerkes erforderlich macht. Derartige Gefahren von irreversiblen Entwicklungen werden von den Verantwortlichen niemals erwähnt. Wirtschaftlich-technische Programme werden in kurzsichtigen und unverantwortlichen Entscheidungen von Menschen festgelegt, die nicht nur ökologisch ahnungslos, sondern für die Werte der lebenden Natur blind sind. Die Mehrzahl der heutigen Menschen kann aber nur passiven Widerstand gegen eine phylogenetische Abwärtsentwicklung in dem im 2. Kapitel besprochenen Sinne leisten.

Die einzige legitime »Einnahme« unseres Planeten ist die Sonnenstrahlung, und jedes Wirtschaftswachstum, das mehr Energie verbraucht, als die Sonne uns sendet, verstrickt die Weltwirtschaft in Schulden, und zwar bei einem völlig herzlosen und unnachgiebigen Gläubiger. Der sogenannte Meadows Report, vom Massachusetts Institute of Technology ausgearbeitet, besagt nichts anderes; dennoch wurde jüngst in Wien auf der »Tagung der Energiewirtschaft« behauptet, die Atomgegner würden »hauptsächlich von *emotionellen* Gründen« bewegt. Ich gestehe, daß ich angesichts dieser Darstellung allerdings Emotionen empfinde.

Die pseudodemokratische Doktrin

Zu den Faktoren, die das technokratische System stabilisieren, gehört die Doktrin von der absoluten Gleichheit aller Menschen, mit anderen Worten, der Irrglaube, daß der Mensch als »tabula rasa« geboren, das heißt, daß seine gesamte Persönlichkeit erst im Laufe seines Lebens durch Lernvorgänge bestimmt werde. Diese Doktrin, an die leider auch heute noch viele Menschen mit geradezu religiöser Inbrunst glauben, stammt, wie Philip Wylie in seinem Buch »The Magic Animal« gezeigt hat, aus einer Verdrehung eines berühmten Satzes aus der amerikanischen »Declaration of Independence«, die im wesentlichen Thomas Jefferson verfaßte. Es heißt dort: »... all men are created equal.« Diese Worte wurden geschrieben, als es galt, die Negersklaven zu befreien und den Farbigen gleiches Recht wie den Weißen zu verschaffen – was bekanntlich leider bis heute nicht ganz gelungen ist. Sehr wirksam war dagegen die folgende doppelte logische Verdrehung dieses Satzes: Die erste falsche Deduktion ist, daß sich alle Menschen, hätten sie ideale Entwicklungsbedingungen, zu idealen Wesen entwickeln würden. Aus dieser falschen Folgerung schloß man in einem weiteren logischen Salto mortale, daß alle Menschen bei Geburt schlechterdings identisch seien. J. B. Watson hat sich bekanntlich zu der Behauptung verstiegen, er könne aus jedem ihm zur Erziehung überlassenen gesunden Neugeborenen »auf Bestellung« einen Violinvirtuosen, einen Mathematiker oder ein Finanzgenie machen. Die falsche Annahme dabei ist, daß es im Zentralnervensystem des Menschen überhaupt keine genetisch festgelegten Programme gebe und alle individuellen Unterschiede des menschlichen Verhaltens aus der Verschiedenheit der individuellen Erfahrung als konditioniert zu erklären seien. Eben dies besagt die »Empty-organism«-Theorie von B. F. Skinner.

Die Annahme, daß dem Menschen, abgesehen

von dem, was ihm durch »conditioning« beigebracht wird, keinerlei Normen des sozialen Verhaltens innewohnen, hat automatisch zur Folge, daß die Schuld an jedem Fehlverhalten und jedem Verbrechen der Erziehung des Delinquenten zur Last gelegt werden kann. Der Einzelmensch wird hierdurch von jeder moralischen Verantwortung befreit; daß er damit gleichzeitig eines Menschenrechtes, nämlich der Verantwortlichkeit, beraubt wird, wird meist übersehen.

Der Glaube an die unbegrenzte Formbarkeit des Menschen ist natürlich allen Leuten willkommen, für die es vorteilhaft wäre, wenn der Mensch keinerlei angeborene Fähigkeiten und Leistungen besäße und somit unbegrenzt manipulierbar wäre. Hieraus erklärt sich, daß die pseudodemokratische Doktrin von der Lobby der Großindustrie ebenso zur Staatsreligion gemacht wurde wie von den Ideologen des Kommunismus. Die pseudodemokratische Doktrin hat heute noch großen Einfluß auf die öffentliche Meinung und auf die Psychologie. Das hängt ganz sicher mit den Bevölkerungszahlen und der durch sie notwendig gewordenen Überorganisation der zivilisierten Menschheit zusammen, in der individuelle Unterschiede nicht genügend berücksichtigt werden können. Man verstößt gegen die Forderung der »Chancengleichheit«, wenn man sagt, ein Mensch sei intelligent oder dumm oder unehrlich, obwohl jeder Mensch weiß, daß es Dumme und Gescheite, Ehrliche und Unehrliche gibt. Die unbestreitbare Aussage, daß es, von eineiigen Zwillingen abgesehen, keine zwei Menschen mit völlig identischer genetischer Programmierung gibt, kann, wie Philip Wylie richtig sagt, heute mancherorts ebenso gefährlich werden wie im Mittelalter die Behauptung, daß die Erde um die Sonne kreise und nicht diese um jene.

Hospitalismus als Beispiel

Die szientistisch und technomorph denkende Menschheit hat, wie gesagt, verlernt, mit lebendigen Wesen umzugehen. Vor einigen Jahrzehnten galt das sogar für ihren Umgang mit den eigenen Nachkommen. Wenn man alles Gefühlsmäßige für Illusion hält, wenn man eine Psychologie ohne Seele anstrebt, dann empfindet man folgerichtig auch kein Mitleid mit einem menschlichen Baby, das, im abgedunkelten Schlafzimmer alleingelassen, verzweifelt um Hilfe schreit. Zeitweise galt es als aufgeklärt, die Kinder schreien zu lassen und sie auch nicht nach ihrem jeweiligen Bedürfnis, sondern nach der Uhrzeit zu füttern. Vor allem war es geradezu ein Glaubenssatz, daß das Kleinkind daran gewöhnt werden müsse, allein in einem Zimmer zu schlafen. Jedes noch von Brutpflege abhängige Jungtier einer tagaktiven Art ist dem nahezu sicheren Tod ausgeliefert, wenn es in tiefem Dunkel seine Familie verliert. Es ist ein teleonom völlig sinnvolles Programm, daß das Baby, sei es nun ein Gänse- oder ein Menschenkind, in einem solchen Fall die gesamte, ihm verfügbare nervliche und muskuläre Energie darauf verwendet, Hilferufe auszusenden.

Weit bedenklichere Folgen hatte das technomorphe Denken für die »aufgeklärte« und »rationelle« Behandlung von Kindern in Kinderheimen und Spitälern. Hier herrschte lange Zeit die Meinung, daß allen Bedürfnissen des Kindes Genüge getan werde, wenn es regelmäßig die vorgeschriebene Menge an Nahrung sowie an Vitaminen erhalte und ausreichend reingehalten werde. Was dabei vernachlässigt wurde, ist eine damals noch nicht bekannte, sehr fest programmierte Phase in der Individualentwicklung menschlichen sozialen Verhaltens: Zwischen dem fünften und dem achten Lebensmonat entwickelt sich die Fähigkeit zur Unterscheidung von Einzelpersonen und gleichzeitig damit die Bindung an bestimmte Individuen, unter natürlichen Umständen selbstverständlich an die Mutter. In der Sprache der weisen Frauen heißt dies, »das Kind beginnt zu fremdeln«. Sein Lächeln, das bisher durch jeden sich über das Bettchen beugenden, lächelnden und freundlich blickenden Kopf ausgelöst werden konnte, gilt von nun ab nur noch einer ganz bestimmten Bezugsperson. René Spitz hat die Entwicklung des Lächelns und der es auslösenden Schlüsselreize genau untersucht. Ihm gebührt der Ruhm, als erster die Natur des angeborenen Auslösemechanismus untersucht und die sogenannte Reiz-Summen-Regel erfaßt zu haben – obwohl die letztgenannte Erkenntnis zunächst zwischen den Zeilen stehenblieb. Schon das ganz kleine Kindchen lächelt, wenn man über seinem Bettchen einen Luftballon mit aufgemalten Augen und Augenbrauen nickend bewegt; seine Reaktion verstärkt sich, wenn ein freundlich grinsender Mund hinzugefügt wird. René Spitz konnte zunächst nicht verstehen, warum sein Lächeln und Nicken weniger stark auslösend wirkte als das seiner dunkelhaarigen Assistentin. Erst als er sich selbst aus dem Blickwinkel des Kindes nickend im Spiegel beobachtete, erkannte er, daß das Nicken seiner Assistentin die Farbe des gespiegelten Bildes zwischen rosa und schwarzbraun wechseln ließ, während das seine, seiner Glatze wegen, unverändert rosa wirkte. Als er sich eine dunkle Zipfelmütze aufsetzte, war der Unterschied in der auslösenden Wirkung verschwunden.

Wenige Wochen später lösen plumpe Attrappen das Lächeln nicht mehr aus, wohl aber alle normalen Menschenköpfe, zumal, wenn sie nikken und lächeln. Zur Zeit des »Fremdelns« wird die Reaktion noch selektiver, nämlich an ein bestimmtes Individuum gebunden. Die nun folgende Periode ist für die gesamte Weiterentwicklung des Kindes höchst kritisch: es beginnt seine Gefühle an eine bestimmte Person zu binden. Alle anderen Menschen lehnt es ab. Wenn nun im Kinderheim diese kritische Periode eintritt und das Kind sich an eine bestimmte Schwester als seine Mutter zu binden begonnen hat, zerstört der routinemäßige Personalwechsel diese keimende Beziehung. Das unglückliche Baby versucht nun, mit einer bereits wesentlich zaghafteren Reaktion, sich an die nächste Ersatzmutter anzuschließen; wenn ihm auch diese entrissen wird, mit einer noch schwächeren an die nächste; schließlich gibt es alle Versuche auf, eine Mutterbindung herzustellen. Es wehrt von nun an alle von Artgenossen kommenden Reize ab, kehrt das Gesicht zur Wand, und manche dieser Kinder werden zu Autisten oder sterben.

Diese Bindung an eine bestimmte, individuelle Mutterfigur fördert die allgemeine Fähigkeit zur sozialen Bindung an Mitmenschen schlechthin. Die Fähigkeit zur Menschenliebe ist eine jener offenbar recht zahlreichen nervlichen Organisationen des Menschen, die bei ihrem Heranreifen *sofort* beansprucht werden müssen, wenn sie nicht einer schwer oder im Extremfalle gar nicht wiedergutzumachenden Inaktivitätsatrophie anheimfallen sollen.

Mit der Entwicklung der Fähigkeit zu Liebe und Freundschaft ist merkwürdigerweise die zum explorativen Verhalten, zur *Neugierde*, eng verbunden, wie die österreichische Kinderpsychologin G. Czerwenka-Wenkstetten festgestellt hat. Das leere, spannungslose Gesicht des in dieser Weise geschädigten Jugendlichen ist ein unverkennbares »pathognomisches« Symptom dieses offenbar schwer oder nicht heilbaren Zustandes. Wer »auf nichts neugierig« ist, der langweilt sich unvermeidlicherweise.

Dieser Zustand aber ist höchst gefährlich, weil die persönliche Freundschaft zu einem Menschen und die Menschenfreundlichkeit im allgemeinen aggressives Verhalten hemmen. Schon bei höheren Fischen läßt sich nachweisen, daß persönliche Bekanntschaft Aggressivität hemmt.

Es wäre zu untersuchen, wie bei Gewaltverbrechern mit offensichtlich ungenügender Hemmung der Aggressivität, etwa bei Terroristen, die soziale Entwicklung in frühester Kindheit, besonders zur Zeit des »Fremdelns«, vor sich gegangen ist. Es ist eine Hypothese, die keineswegs der Begründung entbehrt, daß eine allgemeine Förderung der Aggressivität, d. h. also eine Abnahme der Hemmung, Mitmenschen Böses anzutun, aufs engste mit der Behinderung der Entwicklung von zwischenmenschlichen Beziehungen im kritischen Zeitalter frühester Kindheit zusammenhängt.

Wenn meine Annahme richtig ist, so ist ein wenn auch schwacher Grad von Hospitalismus einer der wesentlichen Faktoren, die zur »Sinnentleerung« der modernen Welt beitragen.

Die Verschiebung des Wirklichkeitsbewußtseins

Eng mit dem technomorphen Denken verknüpft und wie dieses eine der stabilisierenden Stützen des technokratischen Systems ist eine Verschiebung des Wirklichkeitsbewußtseins. Wie schon erwähnt, haben Peter Berger und Thomas Luckmann gezeigt, daß jeder Mensch zwangsläufig dasjenige für das Wirkliche hält, mit dem er persönlich am meisten zu tun hat, mit dem er in Wechselwirkung steht und das seine Gedanken am meisten beschäftigt. Merkwürdig spät, erst in der allerjüngsten Zeit, hat sich die Zahl der Naturwissenschaftler gemehrt, die mit medizinischem Blick die Gefahren erkannten, die das lebende System unseres Planeten bedrohen. Ich erinnere mich mit erheblicher Beschämung, daß ich vor etwa zwanzig Jahren einen Vortrag von William Vogt gehört habe und von der Berechtigung seiner Warnungen in keiner Weise überzeugt war. Die sozialen Verhaltensweisen gewisser Vögel waren für mich damals viel wirklicher als die Gefährdung der menschlichen Umwelt. Jeder Mensch, der seinem Beruf hingegeben ist, vor allem jeder, der nach selbstgesetzten Zielen strebt, hält diese für das Wirklichste und vor allem auch für das Wichtigste auf dieser Welt. Der Großunternehmer, der mit Hingebung und wirklichem Idealismus für die Entstehung und Entwicklung seiner Firma gekämpft hat, empfindet diese ganz selbstverständlich als das einzige »Interessante«, das einzige Wirkliche. Alle die im 5. Kapitel erwähnten Fehlleistungen menschlicher Neigungen, wie Ordnungsliebe, Freude am Wachstum, Funktionslust usw., bestärken ihn in seiner Überzeugung. Zu dieser trägt außerdem noch die szientistische und behavioristische Weltanschauung bei: Für ihn ist richtig und wahr, was sich quantifizierend verifizieren läßt, und der Geldgewinn erfüllt alle diese Forderungen optimal.

Alle diese Faktoren zusammen bewirken, daß Menschen in Finanz- und Produktionsorganisationen den höchsten Wert der Welt darin sehen, daß der Produktionsapparat auf möglichst hohen Touren läuft und maximale Gewinne abwirft.

Die schon besprochene Funktionslust kann dazu führen, daß das Mittel sich zum Selbstzweck aufschwingt. Der Mensch wird dadurch zum Sklaven des Produktionsapparates. Damit ist der Teufelskreis des Wirtschaftswachstums geschlossen, der die Menschheit in seinen Malstrom reißt.

Die Vertreter der Industrien, die unseren Globus beherrschen, scheinen bei all ihrer Intelligenz fest an die Wirklichkeit ihrer subjektiven Werte zu glauben. Sie scheinen blind für zwei unbezweifelbare Tatsachen, die jedes Schulkind begreifen kann: erstens, daß ein unbegrenztes Wachstum im endlichen Raum auf die Dauer nicht möglich ist, und zweitens, daß kein Haushalt mehr ausgeben kann, als er einnimmt. Die für die gegenwärtige Gesellschaftsordnung Verantwortlichen sind durchaus in der Lage, diese Tatsache zu verstehen; sie sind auch nicht so unmoralisch, daß sie ihre eigenen Kinder und Enkelkinder einem gräßlichen Untergang preisgeben wollten; sie *glauben* nicht an die Wirklichkeit der Gefahren, die die Menschheit bedrohen, weil für sie andere Dinge wirklich und somit wichtig sind.

Das Paradoxe an dieser verbreiteten Überzeugung liegt darin, daß ihre Vertreter aller Schichten zu übersehen scheinen, daß, wie schon gesagt, Geld und Gold nur Symbole sind und daß man auch mit sehr viel Geld nicht kaufen kann, was es nicht mehr gibt: Daß man nur das essen kann, was die grüne Pflanze in Photosynthese herstellt, wollen sie nicht glauben. Zwei österreichische Sprichworte sagen genau, was die halbe Welt ignoriert: »Goldene Nockerln kann man nicht essen« und »Wo nichts ist, hat der Kaiser sein Recht verloren«. Vollends grotesk aber ist es, daß gerade diese Leute sich selbst für nüchterne Realisten und für gute Ökonomen halten, den ökologisch orientierten Umweltschützer aber für einen »nostalgischen Träumer«.

Der unerwünschte »autonome« Mensch

Den Anforderungen des technokratischen Systems kann ein normal veranlagter Mensch nicht gerecht werden. Es gibt angeborene Verhaltenssysteme, die *Menschenrechte* sind und deren Unterdrückung zu schweren seelischen Störungen führt. Das technokratische System, dessen Entstehungsweise und Struktur ich hier in grob vereinfachender Weise darzustellen versuche, bewirkt zwangsläufig, daß bestimmte konstituierende Eigenschaften und Leistungen des Menschen nicht nur unnötig, sondern im höchsten Grade störend werden. Die Bindung des Einzelmenschen an einen individuellen Freund z. B. wird in totalitären Erziehungssystemen nach Möglichkeit unterdrückt; zumindest darf die Liebe zum Freund nicht größer sein als die zum System.

Der Abbau des Menschlichen, von dem dieses Buch handelt, ist nicht auf totalitäre Systeme beschränkt, es ist vielmehr unvermeidlich, daß soziale Gebilde, deren Mitgliederzahl gewisse Maße übersteigt, mit der Zunahme an Größe einen mehr und mehr totalitären Charakter annehmen, auch wenn sie sich selbst als Demokratien bezeichnen. Die Gesetze, die diesen Vorgang beherrschen, sind die der Technokratie und nicht die der politischen Ideologien. In Demokratien wie in Diktaturen vereinigt sich die Macht über größere und größere Zahlen von Menschen in den Händen einer immer kleiner werdenden Zahl von Menschen in Machtstellungen. Man hat errechnet, daß die Zahl der Aristokraten, in deren Händen die Macht im zaristischen Rußland lag, ungefähr gleich der Zahl der ausschlaggebenden Lobbyisten im heutigen Amerika ist und wohl auch der Kopfzahl der sogenannten Nomenklatura in der heutigen UdSSR entsprechen dürfte. Diese Zahl wird mit zwei bis vier Prozent der Untertanen angegeben.

Unabhängig von ideologischen Bekenntnissen besteht in allen heutigen Regierungssystemen die Tendenz, die Persönlichkeit des Einzelmenschen zu vernachlässigen. Unabhängiges Denken und Entscheiden des Einzelmenschen ist um so weniger erwünscht, je größer das Staatsgebilde ist. Man weiß, daß kleine Staaten bessere Möglichkeiten zu wirklicher Demokratie haben als sehr große. Je größer die Menschenmassen, die einer bestimmten Ideologie anhängen, desto größer wird deren Suggestivkraft und desto mehr Macht gewinnt die entsprechende Doktrin. Je größer die Menge der zu beherrschenden Menschen wird, desto beengender wird notwendigerweise die Überorganisation und desto weiter entfernt sich das Staatsgebilde vom Ideal der Demokratie. Aldous Huxley hat in klaren Worten gesagt, daß die Freiheit des Einzelmenschen im umgekehrten Verhältnis zur Größe des Staates stehe, dessen Untertan er ist.

Die Abwertungen der Individualität, die sich in großen Staatsgebilden auch der gegensätzlichsten politischen Bekenntnisse und dementsprechend auf sehr unterschiedliche Weise vollziehen, sind sich ihrem Wesen nach ungemein ähnlich.

Der auf seine Individualität und auf seine Menschenrechte pochende autonome Mensch ist in großen Staaten nicht beliebt, und zwar weder bei der Obrigkeit noch in der öffentlichen Meinung. Diese schreibt sehr genau vor, was »man« tut oder nicht tut; wer sich anders verhält, ist zumindestens verdächtig oder wird für nicht normal angesehen.

Die Überzeugungskraft jeder Doktrin wächst mit der Zahl der von ihr beherrschten Menschen, und deshalb wächst leider auch die Stabilität jeder Gesellschaftsordnung mit der Zahl ihrer Untertanen. Die Machthaber der großen Staatssysteme lassen es aber keineswegs bei dieser Wirkung bewenden, sondern befleißigen sich verschiedener Verfahren der *Dressur.* Die altbewährten Methoden des Konditionierens sind Strafe oder Belohnung. Systeme, die ihren totalitären Charakter offen bekennen, scheuen sich nicht, mittels strenger Bestrafung jedes ihnen unerwünschten Verhaltens zu regieren. Die Bevölkerung lebt in dauernder Angst, kann aber merkwürdigerweise – denn so ist der Mensch leider beschaffen – gleichzeitig echte Begeisterung für seine Tyrannen empfinden. In seinem Buch »Animal Farm« hat George Orwell eine treffende und schauerliche Karikatur einer totalitären Schrekkensherrschaft entworfen. Die Art und Weise, auf die er zeigt, wie sich die meisten Menschen dem Regime nur aus Furcht unterwerfen und nur die naivsten sich gutgläubig für seine Ideale begeistern, ist ebenso erschütternd wie überzeugend. Diese Darstellung entspricht der faschistischen Staatsordnung wie der sowjetischen, vor allem ihrer früheren Praxis. Doch wird in der Sowjetunion allmählich die Dressur durch Belohnung mehr und mehr bevorzugt wie in anderen Großstaaten auch. In China scheint sich Analoges abzuspielen. Was die Dressurmethoden durch Strafe und durch Belohnung wesentlich unterscheidet, sind die verschiedenen Arten der Opposition, die jede von ihnen hervorruft. Das Regieren mit der Peitsche erzeugt eine geradezu heldenhafte Opposition. Die kapitalistische Massenbeherrschung durch Belohnung und allmähliche Verwöhnung bringt keine Helden hervor.

Philosophische Menschenfreunde haben früh gesehen, welche im wahrsten Sinne entmenschenden Folgen die Dressur durch Verwöhnung nach sich ziehen kann. Vance Packard hat schon vor Jahrzehnten in seinem Buch »The Hidden Persuaders« überzeugend dargestellt, daß es vor allem der Komfort des Einzelmenschen ist, der ihn die Produkte der großen Produzenten kaufen läßt. Jeder dieser neuen Artikel macht das Leben noch etwas bequemer, als der vorhergehende es schon getan hat. Wir leben ja auch in einer Zeit der »Auto-Kratie«, d. h. der Tyrannis des Automobils. An dieser Lokomotionsprothese läßt sich eine ganze Reihe der schon besprochenen Erscheinungen demonstrieren, die unserer Generation so gefährlich werden: Funktionslust, Rangordnungsstreben und Verwechslung des Mittels mit dem Zweck. Der Autoproduzent verführt den Konsumenten mit zunehmendem »Fahrkomfort«; die Freude am Fahren verführt uns dazu, immer neue Modelle zu kaufen. Wenn man einem älteren Menschen des Mittelstandes zumuten würde, seinen gegenwärtigen Wagen mit dem vorigen oder vorvorigen Modell zu vertauschen, so würde ihm peinlich bewußt, wie sehr er dabei »von Seide auf Stroh« geraten würde, wie rasch er sich an Servobremsen und Servolenkung gewöhnt und wie gründlich er das Schalten mit Zwischengas verlernt hat – mit anderen Worten, wie gut es den Produzenten gelungen ist, ihn von immer neuen technischen Errungenschaften abhängig zu machen. Auch kenne ich keinen einzigen Fall, in dem das neue Modell eines bestimmten Autotyps langsamer gewesen wäre als die vorangehenden.

Die Gewöhnung von Stroh auf Seide geht um ein Vielfaches schneller als die Rückgewöhnung von Seide auf Stroh. Es ist uns heute kaum mehr bewußt, wie unbequem das Leben vor weniger als einem Jahrhundert war. Ich habe lange genug gelebt, um mich genau zu erinnern, wie im Hause wohlhabender Bürger täglich unzählige Petroleumlampen geputzt und an jedem Wintertag eine ganze Anzahl von Öfen angeheizt werden mußten. Wer heute ein Zimmer mit der Heizung, Beleuchtung und Waschgelegenheit bewohnt, das dem Geheimrat von Goethe oder der Herzogin Anna Amalia von Weimar durchaus annehmbar erschien, empfindet sich als anspruchslos, selbst wenn andere die Arbeit für ihn tun.

Man weiß seit alters her, daß es für den Menschen gefährlich ist, wenn es ihm »zu gut geht«, wenn er allzu erfolgreich in seinem natürlichen Bestreben ist, Lust zu gewinnen und Unlust zu vermeiden. Wir haben allzu gut gelernt, unlustbetonten Situationen aus dem Weg zu gehen;

Technik und Pharmakologie helfen uns dabei. Wir Zivilisationsmenschen werden immer unfähiger, Schmerz und Leid zu ertragen. Dieser Grad unserer Angst vor Unlust und die Methoden, diese zu vermeiden, grenzen an Laster.

In meinem Buch »Die acht Todsünden der zivilisierten Menschheit« habe ich auseinandergesetzt, welche Folgen für den Gewinn von Lust und Freude dieses übertriebene Vermeiden aller Unlust hat. Die alte Maxime aus Goethes Schatzgräber »Saure Wochen, frohe Feste« besagt, daß wahre Freude durch wehleidige Unlustvermeidung unerreichbar gemacht wird. »Genuß« kann allenfalls noch gewonnen werden, ohne in Gestalt saurer Arbeit den ehrlichen Preis von Unlust dafür zu bezahlen, nicht aber der »Freude schöner Götterfunken«. Die zunehmende Unlust-Intoleranz des zivilisierten Menschen verwandelt die naturgewollten Höhen und Tiefen des menschlichen Lebens in eine langweilige, künstlich eingeebnete Fläche von einförmigem Grau, ohne Kontrast von Licht und Schatten. Kurz, sie erzeugt Langeweile und ist damit die Ursache für das große Unterhaltungsbedürfnis vieler Menschen.

Das Bedürfnis, »unterhalten« zu werden, ist ein Symptom eines außerordentlich bedauernswerten Seelenzustandes, woferne ich mein eigenes Erleben verallgemeinern darf. Das Bedürfnis, einen Kriminalroman zu lesen oder das Fernsehen einzuschalten, empfinde ich nämlich nur dann, wenn ich so müde oder auf andere Weise inaktiviert bin, daß ich zu nichts Gescheiterem mehr imstande bin. Passives Sich-unterhalten-Lassen ist das genaue Gegenteil; Spielen dagegen der Inbegriff jener schöpferischen Aktivität, ohne die wahres Menschentum nicht bestehen kann.

11. Kapitel

Die gegenwärtige Lage der Jugend

Mehrere von den im dritten Teil, vor allem im 8. Kapitel besprochenen Vorgängen, durch die die menschliche Geistesentwicklung die Menschenseele bedrängt, sind ganz besonders dazu angetan, die Lage der Jugend zu erschweren. Schwierigkeiten im Übernehmen der elterlichen Tradition, die Zunahme der gesellschaftlichen Zwänge und des Stresses, die beengende Überorganisation und die durch Arbeitsteilung bedingte Spezialisierung – alle wirken zusammen, um jungen Menschen die Freude am Leben zu mindern.

Der kritische Punkt

Wie im ersten Teil (besonders im 3. Kapitel) erörtert wurde, sind in der Programmierung der menschlichen sozialen Ontogenese gewisse Mechanismen »vorgesehen«, die unter den bisherigen Bedingungen der Kulturentwicklung den lebensnotwendigen Mittelweg zwischen dem Festhalten an erworbenen Strukturen und ihrem Abbau und ihrer Umkonstruktion gefunden haben.

Der Weise Ben Akiba soll gesagt haben: »Alles ist schon dagewesen.« Wenn ich meine Warnpredigt über den Traditionsverlust der heutigen Jugend halte, wird mir sehr oft erwidert, die Alten seien mit den Jungen niemals einverstanden gewesen, und es sei bisher keine Kultur am Konflikt der aufeinanderfolgenden Generationen zugrunde gegangen. Ich habe schon gesagt, daß das Weltgeschehen sich niemals wiederholt. Das Prinzip »Nichts ist schon dagewesen« bezieht sich auf die gegenwärtige Lage der Menschheit genauso wie auf alle Stufen im stammesgeschichtlichen und im historischen Geschehen.

Die Stufe, die eine Generation von der vorangehenden trennt, wird der Geschwindigkeit der kulturellen Entwicklung entsprechend immer größer. Um eine Tradition richtig von einer Generation auf die nächste überliefern zu können, ist es nötig, daß die jüngere imstande ist, sich mit der älteren zu identifizieren. Diese Identifizierung hängt erstens von der Stärke persönlicher Bindungen ab, die zwischen Menschen der jüngeren und der älteren Generation bestehen, zweitens vom Ausmaß der Veränderung, der die betreffende Kultur im Laufe einer Generation unterliegt. Der Kontakt, die Liebe zwischen den Generationen, nimmt ab, und wir sehen leider »gute« Gründe für diesen bedauerlichen Vorgang.

Die verschiedenen Kulturen haben ihre Eigenständigkeit zum großen Teil verloren. In Kleidung, Manieren und sonstigen Gepflogenheiten sind sich die Völker aller Erdteile immer ähnlicher geworden. Gleichzeitig aber ist der kulturelle Abstand zwischen den Generationen in sämtlichen Kulturen der Erde gewaltig angewachsen. Wir haben heute einen kritischen Punkt erreicht: Die Jugendlichen der verschiedensten Völker sind einander ähnlicher als irgendwelche von ihnen ihren Eltern. Die jungen Menschen aller Zeiten haben immer schon in der besprochenen Weise (3. Kapitel) gegen die ältere Generation revoltiert, heute aber hat man den Eindruck, daß der sehr gefährliche kritische Punkt erreicht ist, an dem die jüngere Generation der älteren wie einer feindlichen ethnischen Gruppe gegenübersteht.

Nationaler Haß

Erik Eriksons Begriff der kulturellen Pseudo-Artenbildung wurde bereits erwähnt. Es wurde auch schon gesagt, daß der Zusammenhalt der Gruppe u. a. durch die gemeinsame Hochschätzung gruppenspezifischer Verhaltensnormen bewirkt wird. Das wäre schön und gut, wenn es nicht mit dem Preis der Verachtung, ja, des Hasses gegen eine vergleichbare, rivalisierende Gruppe bezahlt werden müßte. Wir müssen der Tatsache ins Auge sehen, daß heutzutage weltweit ein emotionales Verhältnis zwischen den Generationen im Entstehen ist, das durchaus demjenigen gleichzusetzen ist, das zwischen zwei benachbarten Stämmen von Papuas oder von südamerikanischen Indianern besteht. Indianer und Papuas schmücken sich mit stammesspezifischen Bemalungen und Anhängseln, die heutige Jugend tut Analoges, und zwar in erstaunlich uniformer Weise. Mit anderen Worten, die Kinder behandeln ihre Eltern, als ob sie eine fremde ethnische Gruppe wären.

Das bewußte Sich-Absetzen gegen eine andere Gruppe ist, neben anderen Faktoren, auch von Aggressivität motiviert, was mir durch eine Selbstbeobachtung klargemacht wurde. Im Institut für Vergleichende Verhaltensphysiologie in Seewiesen fand allwöchentlich ein Kolloquium statt, das sich durch einen wahrhaft großartigen Mangel an Formalität auszeichnete. Sehr viele lang behaarte, bärtige, bloßfüßige und bluejeans-bekleidete junge Leute waren in unserem Kreise. Eines Tages ertappte ich mich dabei, daß ich mir zum Kolloquium einen Anzug, Hemd und Krawatte angezogen hatte. Plötzlich wurde mir klar, daß ich damit meinerseits Kriegsbemalung angelegt hatte und zog mich tatsächlich beschämt noch einmal um und legte meine gewöhnliche Kleidung an. Auch A. Festetics weist auf den aggressiven Charakter gruppenspezifischer Bekleidung hin*. Wie er berichtet, erhalten sich ungarische wie slowakische Nationaltrachten am reinsten dort, wo eine Enklave eines oder des anderen Volkes isoliert ist.

* Kulturethologische und ökologische Aspekte pannonischer Volkstrachten. In Vorbereitung.

Die sensitive Phase der Gruppenwahl

Wie schon im 3. und im 6. Kapitel gesagt wurde, ist ein junger Mensch jeglicher Propaganda besonders zugänglich, wenn er sich gerade im Stadium der Ablösung von den Traditionen des Elternhauses befindet. Zu dieser Zeit besitzt der junge Mensch nicht nur die Fähigkeit, sich einer neuen Gruppe anzuschließen, er hat sogar ein ungeheuer starkes Bedürfnis, dies zu tun. Wenn anschlußbedürftige junge Leute keine geeignete Gruppe finden, so schaffen sie sich eine eigene Gruppe oder sogar zwei, mit dem unreflektierten Ziel, militant *für* die eigene Gruppe und *gegen* die andere oder gegebenenfalls gegen die ganze Welt anzutreten. Das berühmt gewordene Musical »Westside Story« gibt ein völlig richtiges Bild dieses Vorganges.

Selbstverständlich sind die Jugendlichen in diesem kritischen Alter ungemein anfällig für Propaganda aller Art, sie sind Freiwild für den Demagogen.

Die Sinnentleerung

Der selbständig denkende junge Mensch, der völlig richtig eingesehen hat, daß das kompetitive Erfolgsstreben der Elterngenerationen und ihr einseitiger Glaube an Wirtschaftswachstum und Konjunktur in Sackgassen führen, kann allzu leicht an der Welt als solcher verzweifeln. Vor allem, wenn ein junger Mensch in der Stadt in einer materialistischen und nur finanziell und industriell interessierten Umgebung aufwächst, ist es nicht zu verwundern, wenn er in seinem erfolgreichen und wohlsituierten Vater kein nachahmenswertes Beispiel sieht, besonders wenn er bemerkt, daß diese Erfolgsmenschen, hart an der Grenze des Herzinfarkts, unter Streß stehen und keineswegs wirklich glücklich sind. Wie richtig diese Meinung ist, ist durch zahlreiche Ergebnisse der Streßforschung erwiesen.

Ebensowenig ist es zu verwundern, wenn die Jugendlichen auch nicht viel von der Demokratie halten, zu der sich die Elterngeneration – wenigstens mit einem Lippenbekenntnis – bekennt. Wo soll der junge Mensch Ideale hernehmen? Es ist noch ein Glück, wenn er sich nicht an falsche Ideale hängt, wie an Pseudoreligionen, oder gar in die Rauschgiftsucht flieht. Auch nicht viel besser ist es, wenn er, wie einst die römische *plebs*, nach *panem et circenses*, nach Brot und Spielen, schreit, was Aldous Huxley in die Sprache unseres Jahrhunderts übersetzt hat: »Gib mir Fernsehen und Hamburgers und laß mich um Gottes Willen in Frieden mit deinem Gerede von Verantwortlichkeit und Freiheit.« Die Sucht nach Unterhaltung ist der bedenkliche Gegensatz zur Freude am kreativen Spiel. Die völlig passive Seelenhaltung, die dieser Tatenlosigkeit Vorschub leistet, ist nicht nur für einen ermüdeten Menschen kennzeichnend, sondern ebenso für einen satten, um nicht zu sagen, überfütterten.

Das Leben unserer frühen Vorfahren bestand aus einer Aufeinanderfolge von Erlebnissen, die abwechselnd leidvoll oder zumindest mühsam, dann aber wieder von Freude und Genuß begleitet waren. Man muß einmal wirklichen Hunger gelitten haben, um richtig einschätzen zu können, welche Freude dem Hungernden der Erwerb einer größeren Menge guter Nahrung macht. Der Mechanismus der Lust-Unlust-Ökonomie hat ursprünglich, beim wildlebenden Tier, die Funktion, die »Kosten« einer bestimmten Verhaltensweise gegen den durch sie erreichten Gewinn abzuwägen. Um einen lockenden Fraß zu erwerben, tut ein Raubtier so manches, was ihm Unlust bereitet und was, ohne nachträgliche Belohnung, abdressierend wirken würde. Das Tier rennt durch Dornbüsche, springt ins kalte Wasser und setzt sich Gefahren aus, die es sonst nachweislich fürchtet. Das Maß der unlustbetonten Reizsituation muß aber in einem angemessenen Verhältnis zum Gewinn stehen. Ein Wolf darf nicht ohne Rücksicht auf Witterungseinflüsse in kalter Sturmnacht des polaren Winters auf die Jagd gehen: Er kann es sich nicht leisten, eine Mahlzeit mit einer erfrorenen Zehe zu bezahlen. Nur unter extremen Umständen, etwa wenn ein Tier dem Verhungern nahe ist, kann es ökonomisch ratsam werden, ein solches Risiko einzugehen, da das Überleben vom Gewinnen einer Mahlzeit abhängt. In meinem Buch »Die acht Todsünden der zivilisierten Menschheit« habe ich die Leistungen dieses lebenswichtigen Mechanismus, der das Verhalten an die jeweilige »Marktlage« anpaßt, genauer dargestellt.

Diesem Apparat des Lust-Unlust-Prinzips haften zwei fundamentale Eigenschaften an, die wir von nahezu allen komplizierten neurosensorischen Mechanismen kennen: erstens der weitverbreitete Vorgang der Gewöhnung und zweitens die Trägheit. Die Gewöhnung bringt es mit sich, daß die häufig eintretenden Reizsituationen an Wirkung verlieren; die Reaktionsträgheit dagegen hat zur Folge, daß es zu Schwingungen im System kommt. Nach plötzlichem Aufhören von Reizen, die starke Unlust erregen, kehrt das System nicht in einer gedämpften Kurve in den Zustand der Indifferenz zurück, sondern schießt über diesen »Sollwert« hinaus und registriert das Aufhören der Unlust als erhebliche Lust. Jeder von uns hat erlebt, wie herrlich es ist, wenn Zahnweh aufhört oder auch nur nachläßt.

Unter ursprünglichen Bedingungen führte der Mensch ein hartes Leben. Als Jäger und Fleischfresser war er sicher nahezu dauernd hungrig, und es war kein Laster, sondern eine Tugend, sich bis zum Platzen vollzufressen, wenn man einmal ein Großtier erlegt hatte. Mit anderen Verhaltensnormen, die heute als Untugenden, ja, als Todsünden bewertet werden, steht es ähnlich. Das Leben des Menschen war so gefährlich, daß Feigheit eine Tugend war, das Sparen mit Muskelarbeit, also Faulheit, ebenso. Schon in grauer Vorzeit, als es den Menschen nur ein wenig besser ging, haben Weise richtig erkannt, daß es keineswegs gut ist, wenn der Mensch allzu erfolgreich in seinem Streben ist, Lust zu gewinnen und Unlust zu vermeiden. Die Entwicklung der modernen Technologie, und vor allem der Pharmakologie, hilft den Menschen in nie dagewesener Weise, sozusagen auf Schleichwegen der Unlust zu entgehen. Im Abschnitt über Dressurmethoden des technokratischen Systems habe ich auseinandergesetzt, wie leicht wir durch Verweichlichung zum Sklaven des modernen »Komforts« werden.

Offenbar wird der junge Mensch in der Pubertät besonders von Langeweile geplagt. Helmut Qualtinger hat in seinem großartigen Couplet »Die Halbstarken-Rhapsodie« treffende Worte für die Verzweiflung der gelangweilten Jugend gefunden: »Was kann denn i dafur, daß i a so vül Zeit hab, was kann denn i dafur, daß i mit nix a Freid hab« usw. Der Refrain des tragischen Gedichtes ist: »denn dann is uns faaaad«. Es ist eine dem Psychiater wohlbekannte Tatsache, daß Langeweile allein als Selbstmordmotiv ausreicht. In manchen Fällen führt eine schwere Dauerbeschädigung durch einen Suizidversuch paradoxerweise zu einer Revitalisierung des Gefühlslebens. Ein erfahrener Blindenlehrer aus Wien erzählte mir, daß er mehrere junge Menschen kenne, die sich in selbstmörderischer Absicht in die Schläfe geschossen hatten und durch die Verletzung der Sehnervenkreuzung blind geworden waren. Keiner von ihnen unternahm einen zweiten Selbstmordversuch; sie lebten nicht nur weiter, sondern wurden erstaunlicherweise zu ausgeglichenen, ja, glücklichen Menschen. Ähnliche Entwicklungen kennt man von Menschen, die einen Selbstmordversuch als Querschnittsgelähmte überlebten. Schwer überwindbare Hindernisse sind offenbar nötig, um diesen aus Langeweile an der Welt verzweifelnden jungen Menschen das Leben wieder sinnvoll erscheinen zu lassen. Der Pädagoge Kurt Hahn hat eine Methode erfunden, den an der Welt verzweifelnden Jugendlichen drastisch vorzuführen, wie wertvoll das Leben sei: Er gliederte sie in Rettungsmannschaften ein, in denen sie unter persönlichem Einsatz und beträchtlicher eigener Gefährdung Gelegenheit bekamen, andere Menschen zu retten. Der Psychiater Helmut Schulze hat unabhängig davon eine Methode ausgearbeitet, die dem Patienten den Wert des Lebens dadurch vor Augen führte, daß er ihn in sogenannte »Grenzsituationen« bringt, in denen er Grund hat, um sein Leben zu bangen. Der augenblickliche Erfolg dieser Methoden ist beachtlich. Wie weit sie auf die Dauer das Gefühl der Sinnentleerung der Welt bekämpfen können, sei dahingestellt.

Vielleicht entsteht dieses verzweifelte Gefühl der Sinnlosigkeit bei vielen jungen Menschen daraus, daß sie nie zu sehen bekommen, wie *schön* die organische Schöpfung ist. Das Empfinden für Schönheit und Harmonien bedarf der Schulung. Möglicherweise gehört es zu jenen Verhaltensnormen, die, wie im 10. Kapitel ausgeführt, bei ihrem Heranreifen sofort geübt werden müssen, wenn sie nicht einer unwiderruflichen Inaktivitätsatrophie anheimfallen sollen. Ein junger Mensch, der im Ballungszentrum einer modernen Großstadt aufwächst, hat wenig Gelegenheit, die Schönheit und Harmonie der organischen Schöpfung kennenzulernen. Außerdem langweilt er sich, sieht an seinen Eltern sehr genau, wie man es nicht machen soll, und ist noch dazu vielleicht durch Hospitalisierung oder sonstige Beziehungsstörungen in seiner Fähigkeit zur Menschenliebe beeinträchtigt. Was Wunder, wenn er zum Zyniker wird und den Sinn des Lebens leugnet? Es ist nicht nur verzeihlich, sondern eine logische Konsequenz, wenn der von der Sinnlosigkeit der heutigen Welt überzeugte junge Mensch aus seiner Gesellschaft »aussteigt«. Der Aussteiger weiß etwas ganz richtig, was die Verantwortlichen und Mächtigen in dieser Welt nicht wissen oder wenigstens nicht glauben wollen: Er sieht, daß das wirtschaftliche und politische Verhalten der Machthabenden ins Verderben führt. Man kann ihm die Abkehr von der Gesellschaft nicht übelnehmen, wenn er glaubt, die heutige Gesellschaftsordnung sei die einzig mögliche – wenn dem so wäre, wäre die Welt tatsächlich sinnlos. Ich glaube aber, daß die Aussteiger diesen Irrtum einsehen werden, und ich bin überzeugt, daß sich das dem Menschen innewohnende Bedürfnis nach eigener Verantwortlichkeit und Freiheit plötzlich Bahn brechen kann und sie veranlaßt, ernsthaft nach neuen Gesellschaftsformen zu suchen.

Das Gegenteil eines Irrtums ist oft nicht die Wahrheit, sondern ein entgegengesetzter Irrtum. Wenn die Vertreter des »establishment« im ontologischen Reduktionismus und in technokratischen Denkgewohnheiten befangen sind, so bedeutet es den entgegengesetzten Irrtum, wenn heute viele Jugendliche den Intellekt verachten und sich von der Wirklichkeit ab- und mystischem Sektierererglauben zuwenden. Das Maß der Massenindoktrinierung hat die Grenzen der Toleranz vernünftigen Denkens erreicht. Es ist durchaus denkbar, daß scheinbar geringfügige Einsichten den Umschwung der öffentlichen Meinung in Gang setzen. Optimistischerweise glaube ich, daß dieser Vorgang schon begonnen hat.

12. Kapitel

Berechtigung zum Optimismus

Wie schon eingangs gesagt wurde, ist es die Gesamtaufgabe dieses Buches, den Abbau des Menschlichen als einen Komplex von Krankheitserscheinungen aufzufassen und nach Ursachen und Gegenmaßnahmen zu suchen. Als berufsbewußte Ärzte sind wir moralisch verpflichtet, so zu handeln, als ob wir Optimisten wären. Zu diesem Optimismus haben wir indessen auch einige Berechtigung. Zwar ist die Menschheit in höchster Gefahr, mit Hilfe ihrer atomaren, biologischen oder chemischen Waffen Selbstmord zu begehen, zwar ist sie auf dem Wege, alle jene Eigenschaften und Leistungen zu verlieren, die wahres Menschsein bedeuten: Selbst wenn wir dem raschen Menschheits-Selbstmord entgehen sollten, droht eine nicht mehr menschliche Weltordnung. Es gibt aber auch deutliche Anzeichen dafür, daß eine rettende Gegenbewegung am Werke ist. Die öffentliche Meinung unterliegt bekanntlich Schwingungen, und ich glaube, daß der Kulminationspunkt der technokratischen Entwicklung überschritten ist. Ich habe schon im vorhergehenden Kapitel gesagt, daß sich bei der heutigen Jugend ein Umschwung der Meinungen ankündigt, der zu gesundem Denken zurückführt.

Was ein Mensch für wirklich hält, wird, wie schon ausgeführt, zum großen Teil von der Tradition der Kultur bestimmt, in der er aufwächst. Diese »soziale Konstruktion der Wirklichkeit« (P. Berger und Th. Luckmann) ist der sogenannten Prägung insofern verwandt, als ihre Folgen nur schwer oder in manchen Fällen gar nicht rückgängig gemacht werden können. Es besteht daher wenig Hoffnung, Menschen, die von früher Jugend an die Werte des technokratischen Systems in sich aufgenommen haben, von der Tatsache zu überzeugen, daß die Menschheit gerade von diesen Wertungen mit ständig wachsender Geschwindigkeit auf den Abgrund der Unmenschlichkeit zugetrieben wird. Diese Tatsache wird von einer Vielzahl junger Menschen voll eingesehen. Der Anteil älterer Leute, die diese Überzeugung teilen, ist geringer; die Abkehr von den Werten der technokratischen Gesellschaft und die Offenheit für neue Werte ist aus den oben erwähnten Gründen bei älteren Menschen schwer zu erreichen.

Dazu kommen gegenwärtig drängende Sachzwänge, die den im Konkurrenzkampf Befangenen den Blick in die Zukunft verwehren. Meine Hoffnung, daß meine Argumente Gehör finden, gründet sich daher auf die jungen Leute.

Man muß sich vor Augen halten, wie jung unsere Einsichten in die Gefährdung der Menschheit sind. Ich kann an der Geschichte meiner eigenen wissenschaftlichen Entwicklung illustrieren, daß vor gar nicht langer Zeit auch ein biologisch denkender Mensch sich nicht über die drohenden Gefahren im klaren war. Wie schon erwähnt, war ich von der Predigt William Vogts gegen unvorsichtige Zerstörung ökologischer Gleichgewichtszustände keineswegs überzeugt; die Welt erschien mir damals noch unerschöpflich groß und William Vogt als das, was man in Österreich einen »Miesmacher« nennt. Im wesentlichen ist es wohl Rachel Carsons Buch »The Silent Spring« (Der schweigende Frühling) gewesen, das meine Aufmerksamkeit erregt und mich zum Kampf gegen die Technokratie aufgerüttelt hat.

Meine plötzliche Einsicht in die Gefahr entsprang, wie es Erkenntnisse so oft tun, dem plötzlichen Zustandekommen einer Gedankenverbindung. Ich sah auf einmal die nahen Beziehungen zwischen den mir bekannten typischen Neurosen und der epidemisch verbreiteten neurotisch-hektischen Wesensart der zivilisierten Menschheit. Mir wurde auf einmal klar, wie naiver Fortschrittsglaube, Überorganisation, Zusammenballung von Menschenmassen, kurz, alle im 7. und 8. Kapitel besprochenen Vorgänge, sich zu einem gewaltigen Teufelskreis positiver Rückwirkungen zusammenschließen und wie eng die Beziehungen zwischen dem Schwund der Menschlichkeit und der Selbstvernichtung der

Menschheit tatsächlich sind. Meine im Zweiten Weltkrieg als Arzt erworbenen Kenntnisse über Neurosen trugen dazu bei, daß ich in dem Abbau der Eigenschaften und Leistungen, die das Menschentum ausmachen, plötzlich *Krankheitserscheinungen* sah, die ich in meinem Buch »Die acht Todsünden der zivilisierten Menschheit« geschildert habe.

So kurz die seitdem vergangene Zeit zu sein scheint, kommt mir dieses Buch heute recht veraltet vor, vor allem stört mich der dort von mir angeschlagene Ton: Es ist der eines einsamen Predigers in der Wüste. Angesichts der vielen seitdem erschienenen Bücher, deren Autoren ähnliche Ziele anstreben, wirkt dieser Ton ausgesprochen arrogant, er läßt nämlich die Meinung des Autors durchblicken, er stünde mit seinen Erkenntnissen allein auf weiter Flur. In Wirklichkeit ist die Zahl der Menschen, die sich über die menschheitsbedrohenden Gefahren im klaren sind, gewaltig angestiegen, und sie steigt noch, und zwar, wie ich glaube, in einer ständig steiler werdenden Kurve. Es steht zu hoffen, daß die Mehrheit der Menschen die Bedrohung der Menschheit als Spezies und vor allem ihres Menschentums erkennt, ehe wir uns die Möglichkeit verbaut haben, eine Gesellschaftsordnung zu erreichen, die menschlicher ist als unsere jetzige.

Einen Grund zum Optimismus sehe ich in der Schwingung der öffentlichen Meinung. Der Glaube an die allein seligmachende Wirkung des

Messens und Zählens hat zwar der Menschheit eine nie dagewesene Macht verliehen, aber die Erkenntnis, daß auf dieser Macht kein Segen ruht, beginnt sich durchzusetzen. Schon melden sich ernst zu nehmende Denker zu Wort, die, wie im 6. Kapitel erwähnt, die Naturwissenschaften als solche für verfehlt halten. Wenn diese Humanisten auch über das Ziel hinausschießen, haben sie doch sehr wesentlich zu dem Widerstand beigetragen, der sich nicht nur gegen Wirtschaftswachstum und Ausnützung der Atomenergie, sondern gegen das technokratische System als solches richtet. Wenn man diese Kurve der Erkenntnis extrapoliert, so wächst die Hoffnung auf einen Umschwung der öffentlichen Meinung. Ich vermeine jetzt schon zu merken, wie das besprochene »unterirdische« Wachstum der wesentlichen Erkenntnisse unreflektiert, aber unaufhaltsam um sich greift.

Erreichbare Ziele der Erziehung

Da unsere Hoffnung auf einen derartigen Meinungsumschwung sich, wie gesagt, auf die jüngeren Generationen richtet, liegt es nahe, dem verderblichen Einfluß der technokratischen Gesellschaftsordnung auf die Erziehung unserer Kinder entgegenzuwirken. Unser erstes und dringlichstes Anliegen wäre die Verhinderung *jeglicher* Hospitalisierung. Es ist noch eine offene Frage, ob es nicht eine ganze Reihe anderer menschlicher Fähigkeiten gibt, die in gleicher Weise schwinden, wenn sie während einer bestimmten kritischen Phase der individuellen Entwicklung nicht geübt werden. Der Mensch ist, wie Arnold Gehlen gesagt hat, »von Natur aus ein Kulturwesen«. Seine Empfänglichkeit für Harmonien, von der im 9. Kapitel die Rede war, muß ebenfalls rechtzeitig erweckt und geübt werden. Wie schon erörtert wurde, bedarf die Gestaltwahrnehmung, also unser Organ für die Empfindung von Harmonien, der »Einspeisung« von einer großen Menge von Daten, wenn sie ihre Aufgabe erfüllen soll. Es ist eine lebensnotwendige Aufgabe der Erziehung, dem heranwachsenden Menschen ein ausreichendes Material anschaulicher Tatsachen zu bieten, die es ihm ermöglichen, die Werte des Schönen und des Häßlichen, des Guten und des Bösen, des Gesunden und des Kranken überhaupt wahrzunehmen.

Die beste Schule, in der ein junger Mensch lernen kann, daß die Welt einen Sinn hat, ist der unmittelbare Umgang mit der Natur selbst. Ich kann mir nicht vorstellen, daß ein normal veranlagtes Menschenkind, dem eine nahe und vertraute Berührung mit Lebewesen, d. h. mit den großen Harmonien der Natur, vergönnt ist, die Welt als sinnlos empfinden sollte. Dabei kommt es nicht darauf an, mit welchen Lebewesen das Kind in vertraute, persönliche Beziehung tritt. Ein Tier zu besitzen, zu pflegen und auch die Verantwortung für sein Wohlergehen zu tragen, würde unzähligen Kindern Freude machen. Einfache Mittel können einem Menschen die Freude an der Schöpfung und an ihrer Schönheit ins Herz pflanzen. Mit der Freude an der lebenden Schöpfung entsteht, wie ich behaupten möchte, bei jedem Menschenkind, das überhaupt zu tieferen Empfindungen befähigt ist, die *Liebe* zu allen lebendigen Wesen. »Ich liebe, was da lebt«, läßt Widmann in seinem kleinen Drama »Der Heilige und die Tiere« den Messias sagen. Ich behaupte, daß dies jeder tut, der genügend viel von der organischen Schöpfung gesehen und erlebt hat.

In der Tat müßten den heutigen jungen Menschen die Größe und die Schönheit dieser Welt sehr gründlich zugänglich gemacht werden, um sie an der gegenwärtigen Lage der Menschheit nicht verzweifeln zu lassen. Es ist als ein Symptom des Entkommenwollens, des sogenannten Escapismus, zu werten, wenn sich jugendliche Menschen heute von allem Verstandesmäßigen abkehren wollen, wenn einige von ihnen psychedelische Drogen nehmen oder gar der Rauschgiftsucht verfallen. Es müßte doch möglich sein, der Jugend verständlich zu machen, daß auch das Wahre nicht nur schön, sondern voll von Geheimnissen ist, daß man kein Mystiker werden muß, um Wunderbares zu erleben.

In einer Zeit, in der es zur Mode geworden ist, die Wissenschaft als eine essentiell wertindifferente Unternehmung zu betrachten, ist es begreiflich, daß der Wissenschaftler sich gezwungen fühlt, sich selbst eine wertfreie Einstellung zu seinem Gegenstand abzuverlangen. Ich halte das jedoch für eine gefährliche Selbsttäuschung. Alle Biologen, die ich kenne, sind unleugbar Liebhaber ihres Objektes in genau demselben Sinne, in dem ein Aquarienliebhaber ein solcher ist.

Jeder Mensch, der an der Schöpfung und ihrer Schönheit Freude empfindet, ist gegen jeden Zweifel an ihrem *Sinn* gefeit. Die Frage nach dem Sinn der organischen Schöpfung erscheint ihm ebenso unverständlich wie einem musikliebenden Menschen die nach dem Sinn der Neunten Symphonie von Beethoven. Ein Mensch, der diese Frage stellt, hat offenbar nie Gelegenheit gehabt, von den großen Harmonien dieser Welt so viel in sich aufzunehmen, wie nötig ist, um sie seiner Gestaltwahrnehmung zugänglich zu machen. Ich glaube, daß für die Entwicklung der meisten anderen kognitiven Leistungen des Menschen, vor allem für die der Gestaltwahrnehmung, frühkindliche Erlebnisse wesentlich sind.

Von den Schönheiten des Kosmos zu sprechen ist ein Pleonasmus, da die Schönheit im Wortsinn von »Kosmos« eingeschlossen ist. Die Vertrautheit mit dem Schönen beugt dem im 5. Kapitel besprochenen Irrglauben vor, daß nur das exakt Definierbare und Quantifizierbare wirklich sei.

In der letzten Zeit haben viele Philosophen die Frage diskutiert, was der »Sinn des Sinnes« sei; ein Philosoph in Oxford schrieb ein Buch »The Meaning of the Meaning«. Es läge eigentlich an einer gesunden Erziehung, dem heranwachsenden Menschen beizubringen, daß es sehr wohl möglich ist, Sinnvolles von Sinnlosem zu unterscheiden. Wir besitzen ein wohlfundiertes Tatsachenmaterial, aufgrund dessen man berechtigte Aussagen darüber machen kann, wann ein sprachliches Symbol falsch und wann es richtig angewendet ist. Dennoch wird Kindern und Jugendlichen niemals beigebracht, wie man Wahres von Falschem, Sinnloses von Sinnvollem unterscheiden kann. Das kann man nämlich! Daß diese im höchsten Maße bedeutungsvolle und für die Freiheit des menschlichen Denkens so überaus wichtige Frage in der Erziehung unserer Kinder vernachlässigt wird, daß dieses Thema nicht als Unterrichtsgegenstand gelehrt wird, ist zu beklagen.

Die Mächtigen der überbevölkerten und überorganisierten Welt werden alle bekannten und viele neue Techniken der Manipulation und Gleichmachung der Menschen fortsetzen. Es steht zu befürchten, daß sie auch nicht zögern werden, diese Methoden der nicht-rationalen Überredung durch ökonomische Zwänge, ja, durch die Drohung von Gewalt zu unterstützen. Wenn wir diese Art der Tyrannis verhindern wollen, die bei einer bestimmten Größe der Staaten sich unabhängig von ihrem politischen Glaubensbekenntnis entwickelt, müssen wir sofort damit beginnen, unsere Kinder gegen die Manipulation ihrer seelischen und geistigen Entwicklung immun zu machen. Diese Immunisierung kann ausschließlich dadurch erreicht werden, daß jeder heranwachsende Mensch die Technik der Propaganda gründlich zu durchschauen lernt.

Wir sind an die in unserer eigenen Gesellschaft üblichen Propagandamethoden so gewöhnt, daß wir eine gefährliche Toleranz gegen leere Versprechungen und andere institutionalisierte Formen der Lüge erworben haben. Wenn wir mit den Diktaten anderer Regierungssysteme in Berührung kommen, bemerken wir sofort die Zwangsjacke, in der ihre Untertanen stecken. Wie sehr dasselbe für uns selbst, für unsere »demokratische« Regierungsform gilt, übersehen wir allzu leicht. Als ich einst auf einem Kongreß im ostdeutschen Weimar war, empfand ich die Abwesenheit aller Lichtreklamen als außerordentlich lobenswert und angenehm. Dagegen ärgerte ich mich über die allgegenwärtigen Transparente, auf denen die Freundschaft mit der Sowjetunion, die Gemeinsamkeit aller arbeitenden Menschen und dergleichen gepriesen wurden. Damals in Weimar wurde mir schlagartig klar, daß die sozialistischen Transparente und die westlichen Lichtreklamen analoge Organe zweier verschiedener Herrschaftssysteme sind. Gleichzeitig begann ich zu verstehen, wie ungemein schwer es ist, einer Doktrin entgegenzutreten, ohne dabei einer Gegendoktrin anheimzufallen.

Ein großangelegter Versuch, eben dies zu unternehmen, ist in den dreißiger Jahren des Jahrhunderts mißglückt. Ein Philanthrop namens Filene hat im Jahre 1937, als nationalsozialistische Propaganda in die Vereinigten Staaten einzudringen begann, ein Institut für Propaganda-Analyse gegründet. Dort wurde besonders die nicht den Verstand, sondern Gefühle ansprechende Propaganda analysiert, und es entstanden mehrere Arbeiten, die Mittelschüler und Studenten über das Wesen dieser Art von Werbung aufklären sollten. Dann brach der Krieg aus, und da auch die alliierten Regierungen ungehemmt »psychologische Kriegführung« trieben, erschien es ausgesprochen taktlos, diese Art der Propaganda analysieren zu wollen. Aber auch schon vor Ausbruch des Krieges gab es viele, denen die Aktivität des Institutes im höchsten Grade unerwünscht war. Bestimmte Erzieher z. B. fanden, die Analyse der Werbemethoden mache heranwachsende Menschen in unerwünschter Weise zynisch. Ebenso unwillkommen war die Einsicht in Propagandamethoden der höheren Militärbehörden; sie bekamen Angst, die Rekruten könnten beginnen, die Äußerungen der sie ausbildenden Unteroffiziere zu analysieren. Auch die Kirchen waren gegen Propaganda-Analyse, weil diese den Glauben untergraben und die Zahl der Kirchgänger verkleinern könnte. Die Werbefachleute protestierten, weil Propaganda-Analyse die Treue zu einem bestimmten Fabrikat untergraben und Verkaufsziffern herabsetzen könnte. Das Institut wurde geschlossen.

Eine große Gefahr, die jeden Versuch bedrohte, junge Menschen gegen die Listen der Werbung zu immunisieren, besteht darin, daß der Teufel mit Beelzebub ausgetrieben wird: Auch dem Gutwilligen kann es passieren, daß er der Doktrin, die er bekämpfen will, eine andere, ebenso starre, entgegensetzt. Ein großartiger, kluger und ehrlich gemeinter Versuch, eine Philosophie der Nicht-Indoktrinierbarkeit zu schaffen, ist tragisch gescheitert: Die Philosophie des dialektischen Materialismus wurde von Karl Marx in der Absicht geschaffen, der Menschheit eine Weltanschauung beizubringen, die sich selbst gegen die Gefahr schützt, jemals zu einer Doktrin zu erstarren. In einer Abwandlung der Lehre Hegels lehrt Karl Marx, daß die Antithese, d. h. die zur herrschenden Meinung gegnerische Stellungnahme, zunächst als die richtigere zu gelten habe. Es ist tatsächlich eine der höchsten Aufgaben des wahrheitssuchenden Forschers, die Bereitschaft zum Ab- und Umbau aller seiner Hypothesen zu wahren. Trotz der besten Absichten seines Schöpfers ist aus dem dialektischen Materialismus die starrste aller Doktrinen geworden und wahrscheinlich die mächtigste, die auf Erden je geherrscht hat.

Die politischen Gegner der eben erwähnten Propaganda-Analyse von Filene haben seinerzeit das Argument ins Feld geführt, diese verführe die Jugend zu totalem Zynismus und Skeptizismus, und das Argument enthält tatsächlich einen Kern von Wahrheit.

Gesunde Skepsis ist unerläßlich, wenn es gilt, das Richtige vom Falschen, die Lüge von der Wahrheit zu unterscheiden, aber eine Übertreibung der skeptischen Einstellung kann tatsächlich zum Zynismus und zur Leugnung aller

Werte führen. Die im vorangehenden Abschnitt besprochene Erziehung zur Wahrnehmung der großen Harmonien, des Schönen wie des Guten, ist unbedingt nötig, um einem jungen Menschen ein ausgewogenes Bild von dieser unserer großartigen Welt zu vermitteln. Ein vom ontologischen Reduktionismus oder Szientismus befallener Mensch könnte durch eine einseitige Erziehung zur Propaganda-Analyse dazu veranlaßt werden, an schlechterdings allem zu zweifeln und zu verzweifeln.

Wenn man versucht, heranwachsenden Menschen die Schönheit und Größe dieser Welt anschaulich zu machen, hofft man wohl auch, ihr Interesse an deren inneren Zusammenhängen zu erwecken. Der Wunsch, den Faust in die Worte zusammenfaßt »... daß ich erkenne, was die Welt im Innersten zusammenhält«, drückt ein allgemein menschliches Bedürfnis aus, das bei dem einen stärker, bei dem anderen schwächer sein mag. (Beim Naturforscher wird es zum lebensbeherrschenden Motiv.) Das völlige Fehlen von Neugier bedeutet eine Abnormität.

Ich hege die Vermutung, daß die Erweckung der Neugier möglicherweise auch zu einer Revitalisierung verlorengegangenen zwischenmenschlichen Anteilnehmens führen könnte. Im Parzival-Epos und in den ihm zugrundeliegenden Sagen wird es dem Helden als schwere Sünde angerechnet, daß er die Leiden des Amfortas mit ansieht, aber nicht nach ihrer Ursache fragt. Vielleicht liegt diesem Bild eine Ahnung des Zusammenhanges zugrunde, der zwischen dem menschlichen Interesse für die Welt im allgemeinen und seiner Anteilnahme für die Mitmenschen besteht. Vielleicht ist es möglich, durch das Erwecken des Interesses für die großen Zusammenhänge in der Natur auch die Anteilnahme am Leben des Mitmenschen wachzurufen.

Um dem jungen Menschen die großartige Mannigfaltigkeit der organischen Schöpfung und gleichzeitig ihre Regelhaftigkeit zu offenbaren, sollte man ihn mit irgendeiner größeren Tier- oder Pflanzengruppe innig vertraut machen. Das heute vielerorts so verachtete Sammeln und Beschreiben ist meiner Überzeugung nach der beste Weg zur Erkenntnis des Kosmos. Kinder sammeln gern; das Gesammelte verlangt ganz automatisch danach, eingeordnet zu werden, und wenn dann tatsächlich eine Ordnung entsteht, so verlangt diese nach einer Erklärung, und so folgt wie in der Entwicklung jeder Naturwissenschaft das systematische Stadium auf das deskriptive und das nomothetische Stadium auf das systematische.

Allem Lebendigen eignet eine – im Sinne Nicolai Hartmanns – kategorial höhere Form des Seins als jeglicher Art von nicht lebendiger Materie. Dennoch hat es die Existenz dieser Form von Materie zur Voraussetzung. Da alle lebenden Systeme dauernd von Störungen bedroht sind, die sowohl von innen wie von außen kommen können, ist alles Leben von Krankheit und Tod bedroht. Weil wir uns, wie alle anderen Organismen, dauernd gegen Bedrohungen aller Art wehren müssen, sind wir so programmiert, daß wir uns vor dem Tode fürchten, und zwar sicherlich stärker, als es der wahren Schrecklichkeit unseres Erlöschens entspricht. Es bedarf großen Mutes, um »nach jenem engen Durchgang hinzustreben, um dessen Mund die ganze Hölle flammt, zu diesem Schritt sich heiter zu entschließen, und sei es mit Gefahr, ins Nichts dahinzufließen«.

Obwohl das Dahinfließen ins Nichts für den, der nicht an ein Jenseits glaubt, völlig unvermeidlich ist, sind wir doch bestrebt, es möglichst weit hinauszuschieben. Unseren Mitmenschen gegenüber verpflichtet uns Ärzte sogar der hippokratische Eid dazu, dies zu tun. Damit sind wir verpflichtet, Krankheiten möglichst früh zu erkennen. Die kognitive Leistung aber, die uns dazu befähigt, ist identisch mit jener schon besprochenen, die uns die großen Harmonien zugänglich macht, nämlich mit der Gestaltwahrnehmung.

So vertraut uns der Begriff Krankheit ist, kann er doch nicht leicht definiert werden. Sagt man, die Krankheit sei eine Störung der normalen Harmonie eines lebendigen Systems, so wirkt diese Definition insofern unbefriedigend, als sich »normal« und »gestört« nur in Beziehung auf eine ganz bestimmte Umweltsituation definieren lassen. Ich erinnere an die erbliche Anomalie der roten Blutkörperchen, die sogenannte Sichelzellenanämie. In Gambia muß man, oder genauer gesagt, mußte man früher diese Erbkrankheit haben, um »gesund« zu bleiben. Dasselbe Prinzip kann man auf die verschiedensten Lebensräume übertragen.

Ungeachtet dieser Einschränkung unserer Begriffsbildung weiß und empfindet doch jeder von uns ziemlich genau und richtig, was ein gesundes und was ein krankes lebendes System ist. Die Fähigkeit zur Wahrnehmung der Skala, die vom Gesunden zum Kranken führt, hat ebenso wie die schon besprochene Wahrnehmung musikalischer Harmonien zur Voraussetzung, daß vorbereitend ein beträchtlicher Schatz von Datenmaterial eingespeist wird. Bei der hier in Rede stehenden Funktion tritt besonders eindrucksvoll die wunderbare Fähigkeit der Gestaltwahrnehmung zutage, eine unglaublich große Anzahl von Einzeldaten und gleichzeitig eine Unzahl der zwischen diesen bestehenden Beziehungen zu sammeln und auf sehr lange Zeit zu bewahren. Die Fähigkeit des Arztes, die Kunst des Tierpflegers und die wesentlichste Fähigkeit des Landschaftsökologen liegen darin, einem lebenden System rein empfindungsmäßig und zunächst unreflektiert anzusehen, daß in ihm »etwas nicht stimmt«. Eben diese Leistung ist als der »klinische Blick« des erfahrenen Arztes bekannt. Einer der größten Schäden, die das szientistische Denken über die Menschheit gebracht hat, liegt darin, daß in der heutigen Erziehung des Arztes zu wenig Gewicht auf die Entwicklung des »klinischen Blicks« gelegt werden kann. Es ist eine trügerische Hoffnung, daß man diese Leistung unserer Wahrnehmung durch die große Menge der erhobenen Daten und deren Verrechnung durch Computer ersetzen könne.

Auch der Erfolg des Tierpflegers ist zum allergrößten Teil davon abhängig, daß er kleinste, allerkleinste Veränderungen im Befinden seiner Pfleglinge wahrnimmt und imstande ist, sie mit ebensolchen Veränderungen seiner Pflegemaßnahmen in Zusammenhang zu bringen. Diese Leistung des »In-Zusammenhang-Bringens« ist selbstverständlich wiederum eine nicht-rationale Leistung der Gestaltwahrnehmung.

Es müßte doch möglich sein, auch in Großstädten geborenen und heranwachsenden Kindern die Gelegenheit zu verschaffen, ihre Fähigkeit zur Wahrnehmung der Harmonie und Disharmonie lebender Systeme zu entfalten – und sei es anhand eines Aquariums. Ein Aquarienpfleger lernt nämlich ganz zwangsläufig, ein Wirkungsganzes in seiner Harmonie und Disharmonie richtig zu erfassen, das aus sehr vielen, teils zusammenwirkenden, teils antagonistischen Systemen, aus Tieren, Pflanzen, Bakterien und einer ganzen Reihe anorganischer Gegebenheiten, zusammengesetzt ist. Er lernt, wie empfindlich das Gleichgewicht eines solchen künstlichen Ökosystems ist. »In vitro« stellt das Aquarium ein Modell natürlicher Lebensräume dar und kann so den Sinn für die Zusammenhänge lebender Systeme erwecken.

Die Erziehung zur Wahrnehmung von Schönheit und Harmonie, zum Erkennen der Disharmonie kranker Systeme und zur Abneigung gegen Indoktrinierung ist sicher eine wirksame Maßnahme gegen die zunehmende Dehumanisierung der westlichen Zivilisation. Wichtiger noch erscheint mir das Erwecken von Mitgefühl für unsere Mitlebewesen. Mitgefühl motiviert zu jener Liebe zu allem, was da lebt, der Albert Schweitzer so ergreifenden Ausdruck verliehen hat.

Der große Zusammenklang der lebendigen Schöpfung enthält notwendigerweise eine große Anzahl von Dissonanzen, die wir zu »überhören« gewohnt sind, wir pflegen sie im psychoanalytischen Sinne zu verdrängen, d. h. aus unserem Bewußtsein wegzuretuschieren. Die ärgste dieser Dissonanzen ist die Notwendigkeit zu töten, die nicht nur für das spezialisierte Raubtier, sondern ebenso für den Menschen besteht. (Schon das Wort Raubtier enthält eine unerlaubte Analogie zu menschlichem Verhalten, es müßte heißen »Jagdtier«.) Gerade wegen meiner engen Freundschaft zu meinen Hunden erleide ich eine ernste Erschütterung, wenn sie wieder einmal eine Katze erlegt haben, so wünschenswert es im Interesse unserer reichen Singvogelpopulation auch sein mag, unseren Garten katzenfrei zu halten. Ich gestehe, daß ich nicht einmal in Film und Fernsehen zusehen kann, wie ein Raubtier seine Beute tötet. Darwin berichtet: Als er auf der Beagle-Reise zum erstenmal in den tropischen Urwald kam, sah er, wie eine spinnentötende

Riesenwespe eine Vogelspinne angriff. Was tat der große Naturforscher? Zückte er Bleistift und Taschenuhr und beobachtete er minutiös den damals schon in groben Zügen bekannten Vorgang, in dem die Wespe die Spinne durch einen Stich in die Ganglienkette lähmt und sie dann für ihre Larve zum Fraße noch lebend in eine Nesthöhle verschleppt? Nein! Charles Darwin verjagte die Wespe, obwohl er gewiß neugierig war, den Vorgang genau zu sehen.

Mitleid mit der leidenden Kreatur ist eine eindeutig qualitativ bestimmte Emotion, die jedem empfindlichen Menschen trotz seiner Einsicht, daß Leid und Tod von Individuen in der großen Harmonie der lebendigen Schöpfung unvermeidbar sind, wirkliches Leiden bedeutet. Es nützt uns auch nichts, daß wir genau um die harmonischen Wechselwirkungen wissen, die zwischen einer beutegreifenden Tierart und ihren Beutetieren besteht. Es nützt uns nichts, wenn wir uns sagen, daß dem Beutetier als Art durchaus kein Gefallen erwiesen wäre, wenn ihre Jäger von der Bühne des Lebendigen verschwänden, wie manche sentimentale Tierliebhaber das in ihrem Unverständnis der natürlichen Systeme wünschen. Wir wollen die Schmerzen, die uns aus dem Mitleid erwachsen, nicht verleugnen. Wir wollen eingestehen, daß wir oft für den Jäger und den Gejagten gleichermaßen Partei ergreifen. Ein Mauswiesel ist eines der bezauberndsten Lebewesen, die es gibt; seine Spielbewegungen sind von hinreißender Grazie, obwohl sie im Ernstfalle bei der Jagd und beim Töten gebraucht werden. Eine Gelbhalsmaus ist kaum weniger liebenswert als ein Mauswiesel, und wenn man sieht, wie die geschickten Instinktbewegungen, die uns eben noch am Spiel des Mauswiesels entzückten, nun im Ernstfall dazu angewendet werden, der großäugigen, sensiblen und ganz sicher sehr leidensfähigen Gelbhalsmaus den Garaus zu machen, so stehen wir zerrissenen Herzens vor dieser Dissonanz – ich gestehe wenigstens für meine Person, daß sie mich zutiefst erschüttert. Dabei wäre ich wahrscheinlich durchaus imstande, eine Gelbhalsmaus totzuschlagen, wenn ich ein halbverhungertes Mauswiesel zu verpflegen hätte.

In der großen Harmonie des Lebendigen spielt das Mitleid keine Rolle. Das Leiden ist unvergleichlich viel älter als das Mitleid; das Leiden ist nun einmal mit dem subjektiven Erleben der Kreatur, mit dem unvermeidlichen Sterben des Individuums in die Welt gekommen — viele Millionen Jahre vor dem Mitleid. Anzeichen für Mitleid gibt es schon bei Schimpansen. Jane Lawick-Goodall berichtet, daß eine Schimpansin tagelang bei ihrer sterbenden Mutter aushielt und ihr die Fliegen verjagte. Als die Mutter gestorben war, horchte sie an ihrer Brust und verließ danach die Leiche, wahrscheinlich, weil sie keinen Herzschlag mehr hörte. Mitleid mit Lebewesen, die nicht der eigenen Art angehören, gibt es sicherlich nur beim Menschen.

Mitgefühl ist ursprünglich ganz sicher nur dort

vorhanden, wo ein Individuum mit dem anderen durch Liebe verbunden ist. Die Liebe zum Lebendigen ist eine wichtige, unerläßliche Emotion. Sie ist es nämlich, die dem allesbeherrschenden Menschen die Verantwortlichkeit für das Leben auf unserem Planeten aufbürdet. Der verantwortliche Mensch darf die Leiden anderer Kreaturen nicht »verdrängen«, am wenigsten das Leiden von Mitmenschen. Damit fällt ihm eine schwere Aufgabe zu.

Die Gefühlsqualität des Mitgefühls und Mitleidens und die damit einhergehende Bereitschaft, helfend in den Gang der Dinge einzugreifen, ist in der Stammesgeschichte des Menschen höchstwahrscheinlich auf dem Wege entstanden, daß sich die im Dienste menschlicher Brutpflege entstandenen Verhaltensnormen auf den Mitmenschen und weiter auf andere Lebewesen ausgedehnt haben. Eine geringe Abnahme der Selektivität der beteiligten Auslösemechanismen könnte genügen, um das herbeizuführen.

So wichtig es ist, im Menschen Mitgefühl für alle Lebewesen zu erwecken, die mit uns den Erdball bewohnen, so unabdingbar das Mitgefühl für die Liebe zum Lebendigen ist, so müssen wir doch eine scharfe Trennung zwischen unseren Gefühlen für Tiere und denen für unsere Mitmenschen ziehen. Wir können es zwar nicht ohne Zerrissenheit des Herzens ansehen, wenn eine Gepardenmutter ihren hinreißend süßen Kindern als Beute ein noch lebendes, ebenso süßes Baby der Thompsongazelle bringt, damit die

Gepardenkinder das Töten lernen; aber es steht nicht in unserer Macht, den Lauf der Natur zu verändern und zu verhindern, daß Geparden Thompsongazellen fressen oder Mauswiesel Gelbhalsmäuse.

Es liegt aber durchaus nicht im unabwendbaren Lauf der organischen Welt, daß der größte Teil der Menschheit darbt, während der kleinere Teil an Überernährung leidet, aber mehr als 70 Prozent der Energie verbraucht, die der ganzen Menschheit zur Verfügung steht.

Ein denkender und fühlender Mensch könnte die unvermeidbaren grausamen Dissonanzen der großen lebendigen Systeme nicht ertragen, wenn er nicht die Fähigkeit hätte, den Gedanken an sie beiseite zu schieben. Ich würde sehr wahrscheinlich Vegetarier werden, wenn ich gezwungen wäre, alles Lebendige, das mir zur Nahrung dient, selbst zu töten. Hier darf der Mensch »verdrängen« und muß es sogar. Wo es aber um vermeidbare Leiden, vor allem um Leiden von Mitmenschen geht, *darf er es nicht*. Das Verdrängen, das Wegschauen vom Leiden der Tiere kann dadurch gefährlich werden, daß es zur Gewohnheit wird. Man lernt im Laufe der Zeit allzu gut, »wegzuschauen« und damit das Mitfühlen unerlaubter Weise auch in Fällen auszuschalten, in denen man helfen könnte. Nach dem Gesagten muß klar sein, welch großes Verdienst ich den Tierschutzvereinen zubillige und wie hoch ich die Arbeit aller jener einschätze, die sich mit Wort und Tat gegen die sogenannte »Intensivhaltung«

von Haustieren einsetzen. Dennoch habe ich den leisen Verdacht, daß das Mitleid mit Tieren bei vielen Menschen in umgekehrtem Verhältnis zu ihrer Menschenliebe steht. Es wäre nicht uninteressant zu erfahren, ob es viele Menschen gibt, die sich gleicherweise für Tierschutz und für Amnesty International einsetzen. Ich hoffe, ja.

Du sollst nicht falsch' Zeugnis reden

»Das Schlimmste aber ist das falsche Wort, die Lüge,
Wär' nur der Mensch erst wahr, er wär' auch gut.
Wie könnte Sünde irgend doch besteh'n,
wenn sie nicht lügen könnte, täuschen?
Erst sich, alsdann die Welt, dann Gott, ging es nur an.
Gäb's einen Bösewicht, müßt er sich sagen,
so oft er nur allein: Du bist ein Schurk!
Wer hielt' sie aus, die eigene Verachtung.«

So läßt Franz Grillparzer in seinem Drama »Weh' dem, der lügt« den Bischof von Chalons sagen. Man kann die Lüge als das bewußte Aussenden falscher Information definieren, das dem Sender Vorteile über den Empfänger verschafft. (Von »frommen«, nicht selbstsüchtig motivierten Lügen ist hier nicht die Rede.) Falsche Information auszusenden ist eine Strategie, die auf sehr viel einfacherem, unbewußtem Niveau geläufig ist. Schon im Pflanzenreich gibt es Blütenformen, die »vorgeben«, weibliche Insekten einer bestimmten Art zur sein, und die Männchen dieser Art zur Kopulation anreizen und auf diese Weise für die eigene Fortpflanzung »sorgen«. Sehr viele sogenannte Mimikri täuscht den Adressaten der Signale zum Vorteil des Senders. Ein klassisches Beispiel ist die Nachahmung des Putzer-Lippfisches *(Labroides dimidiatus)* durch den Schleimfisch Aspidontus. Letzterer gleicht nicht nur in Farbe und Form bis in kleinste Einzelheiten dem Lippfisch, sondern er ahmt auch die Bewegungsweisen nach, mit denen der Putzer seine Klienten zum Stillhalten und Darbieten der zu putzenden Körperteile anregt. Während in diesem Fall der Räuber die Beute »beschwindelt«, geschieht in der großen Mehrzahl der Fälle das Umgekehrte; Raupen täuschen durch Augenpaare, die auf die ersten Körperringe »gemalt« sind, Schlangenköpfe vor; viele andere Insekten zeigen Paare von Augen, die, in entsprechendem Abstand dargeboten, dem herannahenden Tier vortäuschen, daß es einem größeren Wirbeltier gegenüberstehe. Die am weitesten verbreitete falsche Information, die ein potentielles Beutetier an den herannahenden Freßfeind sendet, läuft darauf hinaus, sich größer erscheinen zu lassen, als man wirklich ist; Spreizen von Flossensäumen bei Kopffüßlern und Fischen, Sträuben des Haarkleides oder Gefieders bei Warmblütern und Aufblasen von Lungen bei Reptilien und Amphibien sind allbekannt.

Es mag auffallen, daß in allen genannten Beispielen die Information nicht an einen Artgenossen gesendet wird. Man könnte zunächst glauben, auch ein Fisch, der einen Rivalen mit Breitseitsimponieren androht und sich dabei so groß wie möglich macht, tue dies in dem Bestreben zu »bluffen«, d. h. sein Kampfpotential größer erscheinen zu lassen, als es tatsächlich ist. Amoth Zahavi hat überzeugende Argumente dafür gebracht, daß Signale und auslösende Bewegungen, die durch ihre Wirkung auf den Artgenossen herausgezüchtet sind, notwendigerweise einen hohen Grad von Verläßlichkeit, sozusagen von »Ehrlichkeit«, besitzen müssen. Besonders im Falle von Signalen, die für geschlechtliche Zuchtwahl maßgebend sind, muß eine gewisse Garantie dafür bestehen, daß das Signal mit einer wirklich vorhandenen Qualität des Senders korreliert ist. Darauf beruht die große Uniformität und Standardisierung von Eigenschaften, die für sexuelle Zuchtwahl maßgebend sind. Ähnlich wie etwa bei einem sportlichen Wettkampf die Prüfungsbedingungen auf das genaueste standardisiert sein müssen, um qualitative Unterschiede zutage treten zu lassen, so sind z. B. auch die Hochzeitskleider aller Stockerpel und die Verhaltensweisen der Werbung bei allen Grauganten genau standardisiert. Gerade dadurch treten für den genauen Beobachter und zweifellos auch für den Artgenossen die geringen Unterschiede zutage, die zwischen den Individuen bestehen. Ohne auf Gruppenselektion und Stammesselektion zurückgreifen zu müssen, hat man genug Argumente dafür, daß beim Signalaustausch zwischen Artgenossen nicht geschwindelt wird.

Da es aber außerdem sehr wohl Gruppenselektion und Verwandtschaftsselektion gibt und da Auslöser und angeborene Auslösemechanismen, Sender und Empfänger arteigener Signale zusammengehörige Organe eines arteigenen Systems sind, darf man ohne weiteres annehmen, daß, wie ich schon 1966 behauptet habe, Auslöser und angeborene Auslösemechanismen einen Selektionsdruck aufeinander ausüben, was ebenfalls für die Annahme spricht, daß Artgenossen einander nicht »belügen«. Mit anderen Worten: Es liegt im Interesse einer Tierart, daß Beute oder Freßfeind, nicht aber Artgenossen falsch informiert werden. Die Möglichkeit zur Lüge im eigentlichen Sinne scheint erst mit der Sprache gegeben zu sein. Es ist daher durchaus nicht verwunderlich, daß das beim Menschen so übliche Anlügen von Artgenossen üble Folgen für Sozietät und Art zeitigt. Nur das einzelne Individuum kann Vorteile daraus ziehen, allerdings um den Preis, damit zum Parasiten an der Sozietät zu werden.

Während die genetisch programmierten Mechanismen des Signalaustausches bei Tieren die Lüge nicht kennen, gibt es im individuell erlernten und vielleicht einsichtigen Verhalten höherer Säugetiere offenbar Ansätze zur Lüge. Georg Rüppell erzählte mir von einer Eisfüchsin, die sich ihrer Jungen, wenn diese sie allzu sehr belästigten, durch ein Täuschungsmanöver entledigte: Sie stieß den Warnruf aus, auf den hin ihre Kinder Hals über Kopf in den Bau zurückstürzten, während sie selbst keine weiteren Anzeichen von Beunruhigung gab.

Eine sehr merkwürdige Geschichte von einem alten Orang-Mann erzählte mir A. F. J. Portielje, damals Leiter des Zoologischen Gartens Artis in Amsterdam. Dieser Orang log nicht, sondern wurde belogen und geriet darüber in heftigsten Zorn. Er bewohnte einen Käfig, der eine ziemlich kleine Grundfläche hatte, aber bis an die Decke des ziemlich hohen Raumes hinauf reichte. Um den Orang zu genügender Bewegung zu veranlassen, wurde er in Bodennähe gefüttert und hatte seinen Ruheplatz möglichst hoch oben, so daß er für jede Nahrungsaufnahme einige Meter hinab und wieder hinaufklettern mußte. Nur zur Reinigung des Käfigs wurde der Orang in der obersten Region des Käfigs von einem Wärter gefüttert, der dazu auf eine Leiter klettern mußte. Zwischendurch wurde rasch der Käfigboden gereinigt – eine an sich etwas leichtfertige Verfahrensweise. Eines Tages kam denn auch die unangenehme Überraschung: Der Orang schwang sich plötzlich auf den Käfigboden herab, und ehe man die Schiebetür des Käfigs verschließen konnte, hatte er den Rand der Tür und den Türstock mit beiden Händen ergriffen. Während der Wärter und der glücklicherweise anwesende Direktor, A. F. J. Portielje, die Tür mit der Kraft der Verzweiflung zu schließen versuchten, erweiterten die gewaltigen Arme des Affen unaufhaltsam die Öffnung. Da hatte Portielje einen rettenden Gedanken, der angesichts der Spannung der Situation geradezu genial war: Er ließ die Tür mit einem Ausruf des Schreckens los, sprang zurück und starrte dabei mit aufgerissenem Mund auf den Ort unmittelbar hinter dem Rücken des Orang, als sei dort etwas in höchstem Maße Schreckenerregendes aufgetaucht. Der Orang ließ sich täuschen, fuhr herum, die Tür schnappte ins Schloß. Das wichtige an der Anekdote ist, was nun folgte! Der Orang geriet nämlich in tobende Wut, wie Portielje es an einem Tier dieser Art kaum je erlebt hatte. Portielje sagte mir, er sei völlig überzeugt, daß der Orang volle Einsicht in die Zusammenhänge hatte und sich darüber ärgerte, einer Lüge geglaubt zu haben. Gezielte Experimente darüber, wie Menschenaffen reagieren, wenn man sie anlügt, sind meines Wissens noch nie angestellt worden.

Die Wortsprache ergibt natürlich ungeahnte neue Möglichkeiten der Fehlinformation.

Es wäre denkbar, daß die negative Wertung der Lüge angeborene Programme zur Grundlage hat. Es ist ganz sicher von Übel für die menschliche Gesellschaft, wenn sich ihre Mitbürger belügen – in der Absicht, einander zu übervorteilen. Ich glaube, daß das individuelle Belügen eines Menschen durch einen anderen andersgeartete negative Wertempfindungen in uns hervorruft als das kollektive, politische oder wirtschaftliche Lügen. Die romantische Verherrlichung der »deutschen Treue«, die zur Erziehung meiner Generation noch unbedingt dazugehörte, ist wahrscheinlich eine Erfindung des römischen Schriftstellers Tacitus, der sie zu seinem außerordentlich ehrenwerten Propagandafeldzug gegen den moralischen Verfall der römischen Hochkultur verwendete. Ob er mehr über die Vertrauenswürdigkeit der Germanen wußte, als ihm vom Hörensagen bekannt war, ist zu bezweifeln. Mit Sicherheit aber kann man aus den Schriften des Tacitus entnehmen, daß in den Spätzeiten römischer Hochkultur das Blaue vom Himmel gelogen wurde.

Das biblische Verbot des Lügens wird im Verkehr zwischen Einzelmenschen weit gewissenhafter befolgt als zwischen Kollektiven. Jedes einzelne Mitglied irgendeines Aufsichtsrates besitzt mein volles Vertrauen, und ich würde mich seinem Rat unbedenklich anvertrauen; ein Aufsichtsrat als Kollektiv aber kann skrupellos und amoralisch handeln. Offenbar entlastet das Teilen der Verantwortlichkeit den einzelnen. Trotz der Unvollständigkeit unseres Wissens wage ich die Vermutung, daß die Häufigkeit des öffentlichen Lügens und die allgemeine Toleranz gegen das Belogenwerden mit der Entwicklung von Hochkulturen und höherer Zivilisation zugenommen hat. Im Handelsverkehr gilt das Feilschen und das lügnerische Anpreisen der Ware heute oft als durchaus erlaubt. Manche Werbefachleute schämen sich nicht nur nicht, sondern sind stolz darauf, wenn sie mit einer Lüge Erfolg haben. Ich glaube allen Ernstes, daß die menschliche Gesellschaft als Ganzes eine durchgreifende und segensreiche Neuorganisation erfahren würde, wenn die Lüge, die persönliche wie die kollektive, so eingeschätzt würde, wie sie es tatsächlich verdient.

Werte, die umgewertet werden müssen

Wir wollen uns darüber im klaren sein, daß die Erziehungsrichtungen, die im vorangehenden als Gegenmittel gegen den Abbau des Menschlichen in Betracht gezogen wurden, eindeutig nach dem hochgesteckten Ziel einer Umwertung einer Reihe von Werten streben. Wenn ich glaube, daß diese ungeheure Aufgabe überhaupt zu bewältigen ist, so gründe ich diesen Optimismus auf die Tatsache, daß jene apriorischen Wertempfindungen, von denen im 6. Kapitel die Rede war, im höchsten Sinne des Wortes allgemeinmenschlich sind. Sie sind nicht von kultureller Tradition und nicht vom sozialen Aufbau der Wirklichkeit abhängig, von dem wir im 10. Kapitel gesprochen haben. Mit anderen Worten, die Wertempfindungen, von denen hier die Rede ist, brauchen dem Menschen nicht anerzogen und eingebleut zu werden; sie erwachen ganz sicher von selbst, wenn der Gestaltwahrnehmung heranwachsender Menschen das unverfälschte Tatsachenmaterial nahegebracht wird, das uns die »wissende Wirklichkeit der Natur« offenbart.

Es sind einfache, dem gesunden Menschenverstand zugängliche Erkenntnisse, die so vielen Menschen durch einen Zwiespalt des Denkens versperrt sind, an dem, wie ich glaube, vor allem der idealistische oder, besser gesagt, ideeistische Glaube die Schuld trägt, daß die reale Welt keine Werte enthalten könne. Was es hier klarzumachen gilt, ist die schlichte Tatsache, daß die Wirklichkeit der Schöpfung ehrfurchtgebietende Werte enthält und potentiell dauernd noch höhere zu erzeugen imstande ist. Wir brauchen auf unserer Suche nach dem Sinn der Welt nicht ins Über- und Außernatürliche abzuschweifen. »Tor, wer dorthin die Augen blinzelnd richtet, sich über Wolken seinesgleichen dichtet! Er stehe fest und sehe sich hier um! Dem Tüchtigen ist diese Welt nicht stumm«, läßt Goethe seinen Faust sagen.

Der erkenntnistheoretische Standpunkt

In den letzten Abschnitten wurde eine Reihe von Erziehungsvorschlägen erörtert, die eher der Bildung von Wertempfindungen als der des rationalen Denkens dienen. Ein Mensch, der sehen kann, wie schön die Welt ist, muß ihr optimistisch gegenüberstehen. Sein Wissen um die Größe und Schönheit der Schöpfung wird ihm helfen, sich den heute üblichen Propagandamethoden und der Indoktrinierung zu widersetzen. Die Wahrheit des Wirklichen wird ihn lehren, selbst kein »falsch' Zeugnis wider seinen Nächsten« zu reden. Seine Wahrnehmung für die großen Harmonien wird so vertieft und ausgebildet werden, daß er Krankes von Gesundem zu unterscheiden vermag und an der großen Harmonie der organischen Schöpfung nicht verzweifelt, obwohl er die tragischen Leiden und den Tod der Einzelwesen tief empfindet.

Das sind für jeden naturnahen Menschen Selbstverständlichkeiten. Sie richtig einzuschätzen bedarf es keiner verstandesmäßigen Leistung, sondern nur des »offenen Auges«, das die ratiomorphe nicht-rationale Leistung der Gestaltwahrnehmung verleiht. Wer diese Art der Weltanschauung teilt, empfindet unfehlbar Mitgefühl mit der Kreatur, mit dem Schicksal des Einzelwesens; mit diesem Mitgefühl ist auch schon die Liebe zum Lebendigen schlechthin geboren und mit ihr das Bewußtsein der Verantwortlichkeit.

All dies sind keine sentimentalen Illusionen, wie die Anhänger des ontologischen Reduktionismus zu glauben scheinen. Wenn ich der Wirklichkeit des »nur« Subjektiven den ganzen zweiten Teil dieses Buches gewidmet habe, so geschah das, um eben diesem Irrtum vorzubeugen.

Alles, was in diesem Buche steht, ist eine Konsequenz aus den Anschauungen der evolutionären Erkenntnistheorie und der einerseits bescheidenen und andererseits doch selbstsicheren Meinung, die sie uns über uns selbst vermittelt. Sie gewöhnt uns gründlich jene tragische Selbstüberschätzung ab, die wir von der altgriechischen Kultur geerbt haben; sie lehrt uns, den

Menschen nicht als Widerpart und Gegenspieler der übrigen Natur zu sehen, wie der platonische Idealismus – besser gesagt, Ideismus – und schließlich auch der transzendentale Idealismus Immanuel Kants annehmen. Diese Erkenntnistheorie lehrt uns aber vor allem auch, alle kognitiven Leistungen des Menschen für Funktionen realer physiologischer Organisationen zu halten, die in unserem Erleben dieselbe wirkliche Außenwelt abbilden, wie die quantifizierende Ratio es tut. *Diese Einschätzung des Subjektiven ist aber, wie schärfstens betont werden muß, das Ergebnis rationalen Denkens.*

Ich behaupte, daß diese an sich banalen Erkenntnisse, wenn auch häufig unreflektiert und unbewußt, der Arbeit aller Naturforscher zugrunde liegen, die die Tatsache der Evolution in ihrer vollen Bedeutung erkannt haben. Rupert Riedl hat diese mehr oder weniger unbewußte Verbreitung einer neuen Erkenntnis dem Wachsen eines Pilzmycels verglichen, das sich unterirdisch verzweigt und dann an verschiedenen Stellen Fruchtkörper hervortreibt, die bei oberflächlicher Betrachtung unabhängig voneinander zu sein scheinen. Der Gedanke der evolutionären Erkenntnistheorie wurde gleichzeitig in scheinbarer Unabhängigkeit von Karl Popper, Donald Campbell, Rupert Riedl und mir selbst ausgesprochen. Wir alle sind auf völlig verschiedenem Wege zu ihren Ergebnissen gekommen. Popper kam von der Logik, Riedl von der vergleichenden Morphologie, Campbell von der Psychologie, ich selbst vom Studium tierischen Verhaltens. Rupert Riedl hat vor kurzem herausgefunden, daß Ludwig Boltzmann schon vor einem Jahrhundert das gleiche gewußt hat. Dieser schreibt: »Wie wird es jetzt um das stehen, was man in der Logik Denkgesetze nennt? Nun, diese Denkgesetze werden im Sinne Darwins nichts anderes sein als ererbte Denkgewohnheiten, ... da, wenn wir diese Denkgesetze nicht mitbringen würden, jedes Erkennen aufhören würde und die Wahrnehmung ohne jeden Zusammenhang wäre.« Wir brauchen uns also alle auf unsere neuen Erkenntnisse nicht allzu viel einzubilden. Käthe Heinroth, die Witwe meines großen Lehrers, zitierte in Kritik einer Inhaltsübersicht dieses Buches, was ihr Mann dazu gesagt hätte, nämlich: »Aber das weiß doch jeder Naturwissenschaftler, das braucht man doch nicht noch extra zu sagen.« Wir sind aber überzeugt, daß Oskar Heinroth heute anderer Ansicht wäre. Max Planck schrieb mir zu meiner ersten Arbeit, in der diese Gedankengänge niedergeschrieben wurden, es gereiche ihm zur tiefen Befriedigung, daß man, von so völlig verschiedenen Induktionsbasen ausgehend wie er und ich, zu so völlig übereinstimmenden Anschauungen über das Verhältnis zwischen realer und phänomenaler Welt kommen könne.

Sicher hat Heinroth recht: Sicher ist alles, was ich in diesem Buch gesagt habe, eigentlich selbstverständlich. Aber gerade auf dieser Banalität des Menschenbildes, das die evolutionäre Erkenntnistheorie entwirft und das ich in diesem Buch wiederzugeben versucht habe, gründet sich meine Hoffnung, daß dem Abbau des Menschlichen Einhalt geboten werden kann. Es müßte doch – »beim Hund«, wie Platon den Sokrates sagen läßt – möglich sein, sie zur allgemeinen Kenntnis zu bringen.

Schon immer hat es mich gereizt, die »Weltbildapparate« sehr verschiedener Tiere zu vergleichen. Alfred Kühns klassisches Buch »Die Orientierung der Tiere im Raum« hat die Anregung dazu gegeben. An der räumlichen Orientierung der Tiere läßt sich sehr schön illustrieren, wie verschieden die Art und die Menge der Information sind, die verschiedene Lebewesen durch ihre räumlich orientierenden Reaktionen gewinnen. Das Pantoffeltierchen »weiß« bei seiner Fluchtreaktion, der sogenannten phobischen Reaktion, nur, in welcher Raumrichtung der Weg versperrt ist. Bei der sogenannten topischen Reaktion, die es auch schon bei Paramaecium gibt, wird die Wendung des Tieres nach dem Einfallswinkel des Reizes gesteuert, so daß das Tier nicht blindlings in irgendeiner anderen, sondern in der einzig sinnvollen Richtung weiterschwimmt. Die topische Reaktion enthält somit ein unvergleichlich viel größeres Maß an Information als die phobische.

Von solchen einfachsten Formen einer »Repräsentation« des Raumes im Verhaltensrepertoire niedrigster Tiere führt eine lückenlose Stufenleiter hinauf zu der menschlichen Anschauungsform des Raumes. Von Menschenaffen wissen wir, daß sie, ohne einen Muskel – es seien denn Augenmuskeln – zu bewegen, in einem rein »vorgestellten« Raum probeweise Handlungen vollziehen können. Dieses probeweise Handeln im vorgestellten Raum nennt man gemeinhin *Denken*. Wenn der Affe in dieser Weise durch Nachdenken die Lösung des vorliegenden Problems gefunden hat und mit einem Freudenschrei und voller Erfolgssicherheit die Handlung vollzieht, hat man als Beobachter zwingend den Eindruck, dieses Tier erlebe, was Karl Bühler das »Aha-Erlebnis« genannt hat.

Wenn man die verschiedenen Bilder miteinander vergleicht, die in den Aktionssystemen verschiedener Lebewesen entworfen werden, so kommen uns einige wesentliche Tatsachen zum Bewußtsein. Zunächst finde ich es ein erstaunliches Ergebnis, daß nichts von dem, was die Tiere über die räumlichen Gegebenheiten dieser Welt wissen, *falsch* ist; sie sind nur unvergleichlich viel ärmer an Information als wir. Auch in unserem Weltbild ist die Information richtig, auf die sich die phobische Reaktion des Pantoffeltierchens gründet: In der Richtung, aus der die Fluchtreaktion das Tierchen abzuweichen zwingt, geht es tatsächlich nicht weiter! Oft muß es mehrere phobische Reaktionen hintereinander ausführen, ehe es eine hindernisfreie Bahn findet. Vergleicht man das Weltbild einfacherer Lebewesen mit dem unseren, so erscheint jenes nicht unrichtig, nicht verzerrt, sondern gewissermaßen auf einen gröberen, sehr viel weniger Einzelheiten wiedergebenden »Raster« entworfen – ein Gleichnis, das ich vor mehr als 40 Jahren in meiner Schrift »Kants Lehre vom Apriorischen im Lichte gegenwärtiger Biologie« gebraucht habe. Mit anderen Worten: Alles, was die Tiere über die reale Außenwelt wissen, ist *richtig*! Wenn man sich seit frühester Kindheit bewußt ist, daß man ein Lebewesen ist wie eine Eule oder eine Wildgans, so nimmt man es als selbstverständlich hin, daß unser eigenes Wissen um die Welt ebenso durch die Leistungsgrenzen unseres Weltbildapparates beschränkt ist wie das jedes anderen Organismus auch, auch wenn die Grenzen unseres Wissens unvergleichlich viel weiter gezogen sind. Gerade wenn man die gewaltige Verschiedenheit der Weltbildapparaturen einzelner Tierformen in Betracht zieht, wird einem eine bedeutsame Tatsache klar: So weit sich jene Meldungen auf dieselbe Umweltbegebenheit beziehen, *widersprechen sie einander nie*. Auch die »eindimensionale Raumanschauung« des Pantoffeltierchens bildet eine »objektive« Gegebenheit der Außenwelt ab, die sich in unserem höher differenzierten Weltbild in gleicher Weise darstellt.

In meinem Buch »Die Rückseite des Spiegels« habe ich auseinandergesetzt, daß die Übereinstimmung zwischen den Weltbildern verschiedener Menschen und vor allem die zwischen verschiedenen Arten von Organismen ein starkes Argument für die Annahme einer einheitlichen außersubjektiven Wirklichkeit darstellen, die sich in diesen Meldungen malt.

Die Einsicht in die Tatsache, daß all unser Erkennen auf einer Wechselwirkung, auf einer Auseinandersetzung zwischen einem realen Erkenntnisapparat in uns und einer ebenso realen Welt außer uns besteht, macht uns gleichzeitig bescheiden und selbstsicher. Sie macht uns bescheiden, weil es frevelhafter Hochmut wäre, zu glauben, die Grenzen des menschlichen Erkenntnisapparates auf seiner gegenwärtigen Entwicklungsstufe seien mit den Grenzen der Erkennbarkeit schlechthin gleichzusetzen. Selbst in einem Zeitraum, der vom Standpunkte der Phylogenese aus betrachtet winzig ist, hat der Mensch durch die technische Konstruktion von »Erkenntnisprothesen« die Grenzen des Erkennbaren wesentlich erweitert. Die Leistung eines solchen Hilfsapparates habe ich schon in dem eben erwähnten Buch als Gleichnis gebraucht, um zu zeigen, wie abwegig es wäre, die gegenwärtigen Grenzen zwischen dem Erkennbaren und dem Unerkennbaren für endgültig und absolut zu erklären.

Wir wundern uns also nicht darüber, wenn wir auf Dinge stoßen, die sich mit den Mitteln unseres Apparates nicht abbilden lassen, und auch nicht darüber, daß wir manchmal »Doppelbilder« zu sehen vermeinen, wenn sich etwa, wie schon dargetan, dieselbe reale Gegebenheit einmal als Korpuskel und das andere Mal als Welle abbildet. Wir sind uns voll bewußt, daß wir wie Kinder im Märchenwald inmitten einer schier unendlichen, aber eben doch im Prinzip endlichen Fülle von unergründlichen Geheimnissen stehen, und wir wissen auch, daß diese Geheimnisse im Machtbereich der natürlichen Schöpfung liegen: Daß sie »unergründlich« sind, liegt an der Beschränktheit unserer Erkenntnisleistung. Es gibt, um noch einmal Carl Zuckmayers Rattenfänger zu zitieren, natürliche Dinge, die wir kennen, und es gibt verborgene, die auch natürlich sind.

Die evolutionäre Erkenntnistheorie bringt uns also zwingend bei, daß wir den Menschen und seine Erkenntnisfähigkeit nicht überschätzen sollen, vor allem daß das Unergründliche nicht notwendigerweise etwas Übernatürliches sein muß. Gleichzeitig mit der Erkenntnis der Grenzen unseres Erkennens aber kommt uns das Vertrauen in die *Wirklichkeit* dessen, was unsere kognitiven Funktionen von der uns umgebenden außersubjektiven Wirklichkeit abbilden, und dieses Vertrauen macht uns selbstsicher. Wenn unser Weltbildapparat in Anpassung an diese wirkliche Welt entstanden ist, so wurde seine heutige Form durch den Selektionsdruck bestimmt, den seine Abbildungsleistung auf ihn ausgeübt hat.

Daraus ergibt sich eine sehr bestimmte Einstellung zu dem Verhältnis zwischen realer und phänomenaler Welt, eine Einstellung, die im übrigen identisch mit derjenigen ist, die uns der sogenannte gesunde Menschenverstand diktiert. Sie ist in wenigen Worten wiederzugeben: *Jedem* Phänomen, mag es nun durch eine Wahrnehmung aus der außersubjektiven Wirklichkeit oder durch Gefühle und Affekte aus unserem Inneren kommen, *entspricht etwas Reales.* Wirklich ist also keineswegs nur das physikalisch Definierbare und quantitativ Verifizierbare, sondern auch alles Gefühlsmäßige. Die Fähigkeit zu Liebe und Freundschaft mit allen sie begleitenden Gefühlen ist genauso im Laufe der menschlichen Phylogenese entstanden wie die Fähigkeiten, zu messen und zu zählen. *Beide* Arten von Phänomenen beziehen sich auf *dieselbe* Wirklichkeit, zu der ein fühlender und erlebender Mitmensch ebenso gehört wie die meß- und zählbaren Dinge.

Darin sehe ich die vielleicht wichtigste Auswirkung der evolutionären Erkenntnistheorie. Im Augenblick, in dem wir verstanden haben, daß Gefühle ebensogut Meldungen über äußere und innere Wirklichkeiten sind wie Meßergebnisse, ändern sich unsere Anschauungen über die Beziehungen, die zwischen dem Wißbaren und dem Unergründlichen bestehen. Vor allem aber verändert sich das Bild, das wir uns von uns selbst, vom Menschen, machen: Der Glaube, daß wir nach dem endgültigen Ebenbild Gottes geschaffen sind, wird uns gründlich ausgetrieben. Gleichzeitig aber erkennen wir, wie groß und wie wunderbar diese Welt ist, an der wir teilhaben. Eben dies, so schreibt Karl von Frisch, »führt zu Ehrfurcht vor dem Unbekannten, und wer solchen Gefühlen eine Gestalt gibt, an der er für sein Leben festen Halt findet, der ist auf gutem

Wege«. Mit der Erkenntnis, daß wir voll und ganz von dieser Welt sind, kommt auch die Erkenntnis, daß uns die volle Verantwortung für sie aufgetragen ist. Wir sehen den Menschen nicht wie Jacques Monod als einsamen Fremdling am Rande des Universums und auch nicht wie der transzendentale Idealismus als polaren Widerpart einer grundsätzlich unerkennbaren Welt. Er ist nur ein ephemäres Glied in der Kette des Lebendigen; es besteht Grund zu der Annahme, daß er eine Entwicklungsstufe auf dem Wege zum wahrhaft humanen Wesen ist. Noch kann man hoffen, daß dem so sei.

Nachwort: Das Credo des Naturforschers

Ich fühle mich gedrängt, ein Nachwort zu schreiben, das sich an alle jene richtet, die den Vertreter der evolutionären Erkenntnistheorie für einen krassen Materialisten halten, weil er das Wort »Gott« nicht ausspricht. In den Zehn Geboten heißt es: Du sollst den Namen Gottes nicht eitel nennen. Ich empfinde eine tiefe Hemmung, ihn überhaupt zu nennen; im Besonderen empfinde ich immer wieder die Anwendung des männlichen persönlichen Fürwortes als eine beinahe lästerliche Anmaßung, selbst wenn man dieses mit zwei großen Buchstaben schreibt! Ich empfinde es ebenso als eine solche, wenn jemand – und sei es noch so naiv und ehrfurchtsvoll – von einer »Begegnung mit Gott« spricht. Sokrates hat, laut Platon, offenbar etwas Ähnliches empfunden, als er sich darauf beschränkte, von »irgend etwas« Göttlichem – δαιμόνιον τὶ – zu sprechen.

Es scheint unmöglich zu sein, dem esoterischen Ideisten beizubringen, daß unser Bestreben, diese Welt in all ihrer säkularen Diesseitigkeit, so weit es uns möglich ist, zu erkennen, daß dies keinen Verzicht auf alles Transzendente bedeutet. Noch schwerer ist es, wie schon Nicolai Hartmann betont hat, begreiflich zu machen, daß das Transzendente geradezu geleugnet wird, wenn man die Welt platonischer Ideen aus ihrer Höhe jenseits von Raum und Zeit herabholt und behauptet, daß sie als eingeborene Leitbilder und zielstrebige Antriebskräfte in den Lauf der Welt eingreifen. Ich habe mir im ersten Teil dieses Buches alle erdenkliche Mühe gegeben, um zu zeigen, daß dem schöpferischen Geschehen auf dieser Welt kein wohldurchdachtes Konzept zugrunde liegt, nach dem sich die Entwicklung im Gang durch Jahrmillionen von Stufe zu Stufe folgerichtig entfaltet hätte.

Carl M. Feuerbach hat in seiner Schrift »Die Abstammung des Menschen im Lichte der Esoterik« in begeisterter und wirklich wunderschöner Sprache getrachtet, die »Affentheorie« Darwins zu widerlegen: »Alles ist plan- und ziellos ›improvisiert‹, nichts vorprogrammiert, der ›sonderbare Primat Mensch‹ keine gottgewollte Ausnahme! Aus dem Stegreif sozusagen, im undirigierten freien Spiel phantasierender Kräfte, tappt die Natur in undurchdringlichem Nebel, durch ›natürliche Zuchtwahl im Kampf ums Dasein‹, durch blindlings vagabundierende Zufälle und Mutationen in den jeweils vorliegenden äußeren Umständen der Umwelt einer ungewollten und ungewissen fernen Zukunft zu.«

Hier ist in der Absicht, Darwins Theorie über

den Ursprung der Arten ad absurdum zu führen, mit bemerkenswerter dichterischer Kraft ausgedrückt, was die schöpferische Evolution tatsächlich tut. Was immer die schöpferische Kraft sein mag, die nie dagewesenes Höheres aus niedrigeren Wesen entstehen läßt – sie schafft »aus dem Stegreif«! Wie denn anders sollte der seiner Schöpfung immanente Schöpfer schaffen? Er ist nicht der Schauspieler, der Worte spricht, die ein großer Dichter niedergeschrieben hat; er ist der Dichter selbst, der hier spricht. Er ist nicht der ausübende Musiker, der die Werke eines Komponisten wiedergibt; er ist der Komponist selbst, der im undirigierten Spiel phantasiert. Wir sehen die schöpferischen Leistungen, zu denen begnadete Menschen befähigt sind, als spezielle Fälle des weltweiten Schöpfungsvorganges, jenes Spiels von allem mit allem, dem Niedagewesenes entspringt. Wenn die Aussage, der Mensch sei das Ebenbild Gottes, irgend Wahrheit in sich trägt, so ist es in Hinsicht auf dieses schöpferische Tun.

Wer an einen Gott glaubt – und sei es an den eifersüchtigen, mit den Eigenschaften eines jähzornigen Stammeshäuptlings ausgestatteten Gott Abrahams –, weiß immerhin mehr über das Wesen des Kosmos als jeder ontologische Reduktionist. Auch der naivste Monotheist, der sich den lieben Gott als Vaterfigur vorstellt, ist gegen Wertblindheit gefeit. Selbst wenn er glaubt, daß sein Allmächtiger und Allwissender letzten Endes alles zum Guten hinausführen werde, kann er die satanischen Fehlentwicklungen der heutigen Zeit nicht übersehen. Schlimmstenfalls wird er an der Allmacht Gottes zweifelnd werden, weil er die Existenz des Bösen allüberall vor Augen geführt bekommt. Der Wahrheitsgehalt des Monotheismus wird den Gläubigen in seinem praktischen Tun auf dem rechten Weg halten; die kategorischen Befehle, die er von seinem Gott empfängt, erweisen sich identisch mit jenen, denen wir zu gehorchen trachten.

Was ich indessen dem esoterischen Denken übelnehme, ist die wahrhaft frevelhafte Überheblichkeit des von ihm entworfenen Menschenbildes. Die Vorstellung, der Mensch sei das von Anfang an festgelegte Ziel aller Entwicklung, scheint mir das Paradigma jenes verblendeten Hochmuts, der vor dem Fall kommt. Wenn ich glauben müßte, daß ein allmächtiger Gott den heutigen Menschen, wie er durch den Durchschnitt unserer Spezies repräsentiert wird, *absichtlich* so geschaffen habe, wie er ist, würde ich fürwahr an Gott verzweifeln. Wenn dieses, in seinem kollektiven Tun oft nicht nur so böse, sondern auch so dumme Wesen das Ebenbild Gottes sein soll, muß ich sagen: »Welch trauriger Gott!« Zum Glück weiß ich aber, daß wir nach dem geologischen Zeitmaß »eben noch« anthropoide Affen gewesen sind; ich weiß außerdem von den Gefahren, die durch die schnelle Entwicklung des menschlichen Geistes für die menschliche Seele heraufbeschworen wurden; und ich weiß, zum dritten, daß viele dieser Gefahren ganz eindeutig aus Krankheiten entspringen, die wenigstens im Prinzip heilbar sind. Es ist grundsätzlich unvoraussagbar, ob *Homo sapiens* zugrunde gehen oder überleben wird; wir sind aber verpflichtet, für das Überleben zu kämpfen.

Unvoraussagbarkeit aber ist eine unabdingbare Eigenschaft alles Lebendigen. Ein geschlossenes, in allen seinen Vorgängen grundsätzlich voraussagbares System, wie es etwa Nietzsche in seiner Lehre von der ewigen Wiederkehr entwirft, ist der schrecklichste aller Schrecken; denn ein geschlossenes System ist per definitionem ein nichtlebendiges System. Ein solches geschlossenes System gibt es aber nicht, und es ist nicht die Biologie, die uns von diesem Schrecken befreit hat, sondern die moderne Physik selbst. Es übersteigt die Fähigkeiten des menschlichen Denkens, zu erfassen, in welcher Beziehung die menschliche Freiheit zu der Unvoraussagbarkeit des Weltgeschehens stehen mag. Wohl aber kann man verstehen, daß in einem prädestinierten, d. h. auf vorherbestimmten Bahnen verlaufenden Weltgeschehen für menschliche Freiheit kein Platz wäre.

Literaturverzeichnis

Abel, O.: Lehrbuch der Paläozoologie. Jena (G. Fischer) 1920

Baerends, G. P., und Drent, R. H.: The Herring Gull and its Egg. Behaviour Suppl. 17, 1970

Bally, G.: Vom Ursprung und den Grenzen der Freiheit. Eine Deutung des Spielens bei Tier und Mensch. Basel (Birkhäuser) 1945

Beebe, W.: The Arcturus Adventure. New York/London 1926

Berger, P. L., und Luckmann, Th.: The Social Construction of Reality. New York (Doubleday) 1966; dt.: Die gesellschaftliche Konstruktion der Wirklichkeit. Frankfurt (Fischer) 1980

Boltzmann, L.: Populäre Schriften (Broda, E. [ed.]). Braunschweig (Vieweg) 1979

Bridgman, P. W.: Remarks on Niels Bohr's Talk. Daedalus Spring 1958

Brunswik, E.: Scope and Aspects of the Cognitive Problem. In: Bruner et al. (eds.), Contemporary Approaches to Cognition. Cambridge (Harvard Univ. Press) 1957

Bubenik, A. B.: The Significance of Antlers in the Social Life of the Cervidae. Deer 1, 208–214, 1968

Bühler, K.: Handbuch der Psychologie, I. Teil: Die Struktur der Wahrnehmung. Jena 1922

Campbell, D. T.: Evolutionary Epistemology. In: Schilpp, P. A. (ed.), The Philosophy of Karl Popper. La Salle (Open Court Publ.) 1966

Campbell, D. T.: Pattern Matching as an Essential in Distal Knowing. New York (Holt, Rinehart and Winston) 1966

Carson, R.: Silent Spring. Boston (Houghton-Mifflin) 1962; dt.: Der stumme Frühling. München (Biederstein) 1962

Chargaff, E.: Unbegreifliches Geheimnis. Stuttgart (Klett-Cotta) 1980

Chomsky, N.: Sprache und Geist. Frankfurt (Suhrkamp) 1970

Czerwenka-Wenkstetten, G.: Das »leere« Gesicht, Vortrag 1977

Darwin, Ch.: Der Ausdruck der Gefühle bei Tier und Mensch. Düsseldorf (Rau) 1964

Dawkins, R.: The Selfish Gene. Oxford Univ. Press 1976; dt.: Das egoistische Gen. Berlin/Heidelberg/New York (Springer) 1978
Eigen, M., und Winkler, R.: Das Spiel. Naturgesetze steuern den Zufall. München/Zürich (Piper) 1975, ^{7}1985
Erikson, E. H.: Ontogeny of Ritualization in Man. Philosoph. Transact. Royal Soc. London 251 B, 337–349, 1966
Festetics, A.: Kulturethologische und ökologische Aspekte pannonischer Volkstrachten. In Vorbereitung
Feuerbach, C. M.: Die Abstammung des Menschen im Lichte der Esoterik. Privatdruck 1976
Frankl, V. E.: Der Mensch vor der Frage nach dem Sinn. München/Zürich (Piper) 1979, ^{4}1985
Freud, S.: Gesammelte Werke. London (Imago Publ.) 1950
Freyer, H.: Schwelle der Zeiten. Stuttgart (Deutsche Verlagsanstalt) 1965
Freyer, H.: Theorie des gegenwärtigen Zeitalters. Stuttgart (Deutsche Verlagsanstalt) 1967
Frisch, K. von: Tanzsprache und Orientierung der Bienen. Berlin/Heidelberg/New York (Springer) 1965
Fromm, E.: Anatomie der menschlichen Destruktivität. Stuttgart (Deutsche Verlagsanstalt) 1974
Gehlen, A.: Der Mensch, seine Natur und seine Stellung in der Welt. Frankfurt (Athenäum) 1966
Hahn, K.: Die List des Gewissens. In: Erziehung und Politik. Minna Specht zu ihrem 80. Geburtstag. Frankfurt (Öffentl. Leben) 1960
Hargreaves, R.: mündl. Mitteilung
Harlow, H. F.: Primary Affectional Patterns in Primates. Amer. J. Orthopsychiat. 30, 1960
Harlow, H. F., und Harlow, M. K.: The Effect of Rearing Conditions on Behavior. Bull. Menninger Clinic 26, 213–224, 1962
Harlow, H. F., und Harlow, M. K.: Social Deprivation in Monkeys. Scient. American 207, 137–146, 1962
Harlow, H. F., Harlow, M. K., und Meyer, D. R.: Learning Motivates by a Manipulation Drive. J. Exp. Psychol. 40, 1950, 228–234
Hartmann, M.: Allgemeine Biologie. Jena (G. Fischer) 1933

Hartmann, M.: Die philosophischen Grundlagen der Naturwissenschaften. Jena (G. Fischer) 1948, 1959
Hartmann, N.: Der Aufbau der realen Welt. Berlin (de Gruyter) 1964
Hartmann, N.: Teleologisches Denken. Berlin (de Gruyter) 1966
Hassenstein, B.: Biologische Kybernetik. Heidelberg (Quelle & Meyer) 1965
Hassenstein, B.: Kybernetik und biologische Forschung. Handb. d. Biol., 1, 631–719. Frankfurt (Athenaion) 1966
Hassenstein, B.: Verhaltensbiologie des Kindes. München/Zürich (Piper) 1973, ³1980
Hediger, H.: Zur Biologie und Psychologie der Flucht bei Tieren. Biol. Zbl. 54, 21–40, 1934
Hediger, H.: Wildtiere in Gefangenschaft. Basel (Schwabe) 1942
Hediger, H.: Skizzen zu einer Tierpsychologie im Zoo und im Zirkus. Zürich (Gutenberg) 1954
Heinroth, O.: Beiträge zur Biologie, namentlich Ethologie und Psychologie der Anatiden. Verh. 5. Int. Ornithol.-Kongr. Berlin, 589–702, 1910
Heinroth, O.: Über bestimmte Bewegungsweisen der Wirbeltiere. Sitzungsber. der naturforsch. Freunde Berlin, 1930
Heinroth, O.: Die Vögel Mitteleuropas. Berlin (Behrmüller) 1928
Heisenberg, W.: Der Teil und das Ganze. Gespräche im Umkreis der Atomphysik. München/Zürich (Piper) 1969
Holst, E. von: Zur Verhaltensphysiologie bei Tieren und Menschen. Gesammelte Abhandlungen I und II. München/Zürich (Piper) 1969/70
Huxley, A.: Schöne Neue Welt (Orig.: »Brave New World«) – Dreißig Jahre danach (Orig.: »Brave New World Revisited«). München/Zürich (Piper) 1976, ³1983
Huxley, J. S.: Evolution, the Modern Synthesis. New York (Harper and Row) 1942
Huxley, J. S.: A Diskussion on Ritualization of Behaviour in Animals and Man. Philos. Transact. Royal Soc. London, Series B, Nr. 772, Band 251
Kant, I.: Kritik der reinen Vernunft. Neuausgabe der 2. Aufl. von 1787, Bd. III Kants Werke. Berlin (de Gruyter) 1968

Klages, L.: Der Geist als Widersacher der Seele. Bonn (Bouvier) [6]1981

Kneutgen, J.: Beobachtung über die Anpassung von Verhaltensweisen an gleichförmige akustische Reize. Z. Tierpsychol. 21, 763–779, 1964

Kneutgen, J.: Eine Musikform und ihre biologische Funktion. Über die Wirkungsweise der Wiegenlieder. Z. f. exp. u. angew. Psychol. 17 (2), 245–265, 1970

Koehler, O.: »Zählende« Vögel und vorsprachliches Denken. Zool. Anz. Suppl. 13, 129–238, 1949

Koehler, O.: Vom unbenannten Denken. Zool. Anz. Suppl. 16, 202–211, 1952

Koehler, O.: Vorbedingungen und Vorstufen unserer Sprache bei Tieren. Zool. Anz. Suppl. 18, 327–341, 1954

Köhler, W.: Intelligenzprüfungen an Menschenaffen. Berlin (Springer) 1921, Neudruck 1963

Koenig, O.: Kultur und Verhaltensforschung. Einführung in die Kulturethologie. München (dtv) 1970

Konishi, M.: Effects of Deafening on Song Development in Two Species of Juncos. Condor 66, 85–102, 1964

Konishi, M.: Effects of Deafening on Song Development of American Robins and Black-Headed Grosbeaks. Z. Tierpsychol. 22, 584–599, 1965

Konishi, M.: The Role of Auditory Feedback on the Control of Vocalization in the White-Crowned Sparrow. Z. Tierpsychol. 22, 770–783, 1965

Kramer, G.: Macht die Natur Konstruktionsfehler? Wilhelmshavener Vorträge, Schriftenreihe d. Nordwestdt. Univ.-Ges. 1, 1–19, 1949

Kühn, A.: Die Orientierung der Tiere im Raum. Jena (G. Fischer) 1919

Kuhn, Th. S.: Die Struktur wissenschaftlicher Revolutionen. Frankfurt (Suhrkamp) 1967

Küppers, B.-O.: Evolutionstheoretische und ethische Aspekte der ökologischen Krise. Max-Planck-Inst. f. Biophysikal. Chemie, Göttingen 1982

Lagerlöf, S.: Wunderbare Reise des kleinen Nils Holgersson mit den Wildgänsen, 1906/07; München (Nymphenburger) [11]1971

Lawick-Goodall, J. van: The Behaviour of freeliving Chimpanzees in the Gombe Stream Reserve. Anim. Behaviour Monogr. 1, 161–311, 1968

Lawick-Goodall, J. van: In the Shadow of Man. Boston (Houghton-Mifflin)/London (Collins) 1971; dt.: Wilde Schimpansen. Reinbek (Rowohlt) 1971

Lawick-Goodall, H. und J. van: Innocent Killers. Boston (Houghton-Mifflin) 1971; dt.: Unschuldige Mörder. Reinbek (Rowohlt) 1972

Lorenz, K.: Kants Lehre vom Apriorischen im Lichte gegenwärtiger Biologie. Blätter f. Dt. Philos. 15, 1941; Neudruck in: Das Wirkungsgefüge und das Schicksal des Menschen, Serie Piper 309, 41983

Lorenz, K.: Das sogenannte Böse. Wien (Borotha-Schoeler) 1963, München (Piper) 1984

Lorenz, K.: Die acht Todsünden der zivilisierten Menschheit. Serie Piper 50, 1973, 171984

Lorenz, K.: Über tierisches und menschliches Verhalten, Gesammelte Abhandlungen I und II. München/Zürich (Piper) 1965; I, 181984, II, 131984

Lorenz, K.: The Enmity between Generations and its Probable Ethological Causes. Studium Generale 23, 963–997, 1970

Lorenz, K.: Analogy as a Source of Knowledge. Les Prix Nobel en 1973, The Nobel Foundation 1974

Lorenz, K.: Die Rückseite des Spiegels. München/Zürich (Piper) 1973, 41983

Lorenz, K.: Die Vorstellung einer zweckgerichteten Weltordnung. Anz. phil.-hist. Klasse Österr. Akad. d. Wiss. 113. Jg., 302, 1976

Lorenz, K.: Vergleichende Verhaltensforschung. Grundlagen der Ethologie. Wien/New York (Springer) 1978

MacKay, D. M.: Freedom of Action in an Mechanistic Universe. Cambridge Univ. Press 1967

Mayr, E.: Artbegriff und Evolution. Berlin (Parey) 1967

Mayr, E.: Evolution und Verhalten. Verh. d. Dtsch. Zool. Ges. 64, 322–366, Stuttgart 1970

McDougall, W.: An Outline of Psychology. London (Methuen) 1923

Metzger, W.: Psychologie. Darmstadt (Steinkopff) 1953, [4]1968
Monod, J.: Zufall und Notwendigkeit. Philosophische Fragen der modernen Biologie. München/Zürich (Piper) 1971, [6]1983
Orwell, G.: Animal Farm. A Fairy Story. Aylesbury (Hunt Barnard Printing) 1945; dt.: Farm der Tiere. Frankfurt (Fischer) 1971
Orwell, G.: Neunzehnhundertvierundachtzig. Ein utopischer Roman. Zürich (Diana) 1949; Neuausgabe: 1984. Berlin (Ullstein) 1981
Packard, V.: Hidden Persuaders. New York (McKay) 1957; dt.: Die geheimen Verführer. Düsseldorf (Econ) 1958
Pietschmann, H.: Das Ende des naturwissenschaftlichen Zeitalters. Wien (Zsolnay) 1980
Pittendrigh, C.: Perspectives in the Study of Biological Clocks. In: Perspectives in Marine Biology. La Jolla (Scripps Inst. for Oceanography) 1958
Planck, M.: Sinn und Grenzen der exakten Naturwissenschaft. Naturwiss. 30, 1942
Popper, K. R.: The Logic of Scientific Discovery. New York (Harper and Row) 1962; dt.: Logik der Forschung. Tübingen (Mohr) 1966
Popper, K. R.: The Open Society and its Enemies. London 1945; dt.: Die offene Gesellschaft und ihre Feinde. Bern/München (Francke) 1957, [4]1975
Popper, K. R.: Scientific Reduction and the Essential in Completeness of all Science. In: Studies in the Philosophy of Biology. London (Macmillan) 1974
Popper, K. R.: Objective Knowledge. Oxford (Clarendon Press) 1972; dt.: Objektive Erkenntnis. Ein evolutionärer Entwurf. Hamburg (Hoffmann & Campe) 1974
Portielje, A. F. J.: Dieren zien en leeren kennen. Amsterdam (Nederlandsche Keurboekerij) 1938
Portmann, A.: Das Tier als soziales Wesen. Zürich (Rhein-Verlag) 1953
Riedl, R.: Die Strategie der Genesis. Naturgeschichte der realen Welt. München/Zürich (Piper) 1976, [3]1984
Sand, P. H.: Common Core of Legal Systems. Cornell University

Seitz, A.: Die Paarbildung bei einigen Zichliden I. Z. Tierpsychol. 4, 40–84, 1940; Die Paarbildung bei einigen Zichliden II. Z. Tierpsychol. 5, 74–101, 1941

Schmidt, W.: Qualitative und quantitative Untersuchungen am Verhalten von Haus- und Graugänsen. Diss. Univ. Düsseldorf 1975

Schulze, H.: Das Grenzsituationserlebnis in der Neurosentherapie. Pr. d. Psychotherapie 1963

Schulze, H.: Nesthocker Mensch. Stuttgart (Enke) 1977

Skinner, B. F.: The Behavior of Organisms. New York (Appleton-Century-Crofts) 1938

Skinner, B. F.: Reinforcement Today. Amer. Psychologist 13, 94–99, 1958

Skinner, B. F.: Beyond Freedom and Dignity. New York (Knopf) 1971; dt.: Jenseits von Freiheit und Würde. Reinbek (Rowohlt) 1973

Snow, C. P.: The Two Cultures. London (Cambridge Univ. Press) 1959; dt.: Die zwei Kulturen. Literarische und naturwissenschaftliche Intelligenz. Stuttgart (Klett) 1967

Spengler, O.: Der Untergang des Abendlandes. München 1928/29; Neudruck: München (Beck) 1967/69

Spitz, R.: Vom Säugling zum Kleinkind. Naturgeschichte der Mutter-Kind-Beziehungen im ersten Lebensjahr. Stuttgart (Klett) 1965

Sugiyama, Y.: Social Organization of Hanuman Langurs. In: Altmann, S. A., Social Communication among Primates. Chicago/London (Univ. of Chicago Press) 1969

Teilhard de Chardin, P.: Der Mensch im Kosmos. München (Beck) 1959

Tinbergen, N.: The Study of Instinct. London (Oxford Univ. Press) 1951, dt.: Instinktlehre. Vergleichende Verhaltensforschung angeborenen Verhaltens. Berlin/Hamburg (Parey) 1952

Tinbergen, N.: The Herring Gull's World. London (Collins) 1953; dt.: Die Welt der Silbermöwe. Eine Untersuchung des Sozialverhaltens von Vögeln. Göttingen (Musterschmidt) 1958

Toynbee, A.: A Study of History. Vol. 1–3. Oxford Univ. Press 1934; dt.: Der Gang der Weltgeschichte. Aufstieg und Verfall der Kulturen. Stuttgart (Kohlhammer) 1950; München (dtv) 1970

Tretzel, E.: Imitation und Variation von Schäferpfiffen durch Haubenlerchen (Galerida c. cristata L.). Z. Tierpsychol. 22, 784–809, 1965

Uexküll, J. von: Umwelt und Innenleben der Tiere. Berlin 1921

Watson, J. B.: Der Behaviorismus. Stuttgart (Deutsche Verlagsanstalt) 1930

Weiss, P. A.: The Living System: Determinism Stratified. In: Koestler, A., und Smythies, J. R. (eds.), Beyond Reductionism, London (Hutchinson) 1969; dt.: Das neue Menschenbild. Die Revolutionierung der Wissenschaft vom Leben. Wien/München (Molden) 1970

Weiss, P. A. (ed.): Hierarchically Organized Systems in Theory and Practice. New York (Hafner) 1971

Weisskopf, V. F.: Naturwissenschaft und Gesellschaft. Physikalische Blätter Bd. 27, 1970

Wittgenstein, L.: Schriften 1–4. Frankfurt (Suhrkamp) 1969

Wuchterl, K., und Hübner, A.: Ludwig Wittgenstein in Selbstzeugnissen und Bilddokumenten. Rowohlts Monographien 275. Reinbek 1979

Zahavi, A.: Reliability in Communication Systems and the Evolution of Altruism. In: Stonehause, B., und Perrins, Chr. (eds.): Evolutionary Ecology. London (Macmillan) 1977, 253–259

Zahavi, A.: The Lateral Display of Fishes: Bluff or Honesty in Signaling? Behaviour Analysis Letters 1, 233–235, 1981

Zahavi, A.: Natural Selection, Sexual Selection and the Selection of Signals. In: Evolution Today, Proc. of the 2. Int. Congr. of Systematic and Evolution Biology, 133–138, 1981

Konrad Lorenz

Die acht Todsünden der zivilisierten Menschheit
17. Aufl., 414. Tsd. 1984. 112 Seiten. Serie Piper 50

Er redete mit dem Vieh, den Vögeln und den Fischen
1985. 215 Seiten mit 104 Zeichnungen des Verfassers. Geb.

Die Rückseite des Spiegels
Versuch einer Naturgeschichte menschlichen Erkennens. 4. Aufl., 105. Tsd. 1983. 353 Seiten. Geb.

So kam der Mensch auf den Hund
1986. 187 Seiten mit 110 Zeichnungen des Verfassers. Geb.

Das sogenannte Böse
Zur Naturgeschichte der Aggression. 1984. 317 Seiten. Geb.

Über tierisches und menschliches Verhalten
Aus dem Werdegang der Verhaltenslehre. Gesammelte Abhandlungen.
Bd. I: 18. Aufl., 153. Tsd. 1984. 412 Seiten mit 5 Abb. Serie Piper 360
Bd. II: 13. Aufl., 113. Tsd. 1984. 398 Seiten mit 63 Abb. Serie Piper 361

Das Wirkungsgefüge der Natur und das Schicksal des Menschen
Gesammelte Arbeiten. Herausgegeben und eingeleitet von Irenäus Eibl-Eibesfeldt.
368 Seiten mit 23 Abb. Serie Piper 309

Die Evolution des Denkens
Herausgegeben von Konrad Lorenz und Franz M. Wuketits. 2. Aufl., 6. Tsd. 1984. 393 Seiten. Kart.

Konrad Lorenz/Franz Kreuzer
Leben ist Lernen
Von Immanuel Kant zu Konrad Lorenz. Ein Gespräch über das Lebenswerk des Nobelpreisträgers.
2. Aufl., 10. Tsd. 1983. 103 Seiten mit 1 Abb. Serie Piper 223

Antal Festetics
Konrad Lorenz
Aus der Welt des großen Naturforschers. 1983. 160 Seiten. mit 255 farbigen und schwarzweißen Abb. Geb.

Nichts ist schon dagewesen
Konrad Lorenz, seine Lehre und ihre Folgen. Die Texte des Wiener Symposiums, herausgegeben von Franz Kreuzer. Mit Beiträgen von I. Eibl-Eibesfeldt, A. Festetics, B. Hassenstein, B. Lötsch, K. Lorenz, E. Oeser, R. Riedl. W. Schleidt, S. Sjölander, W. Wickler, F. Wuketits. 1984. 251 Seiten. Kart.

PIPER

Irenäus Eibl-Eibesfeldt

Die Biologie des menschlichen Verhaltens

Grundriß der Humanethologie
2., überarb. Aufl., 9. Tsd. 1986. 998 Seiten mit rund 1000 Abb. Leinen in Schuber.

Der Begründer der Humanethologie legt die erste umfassende Darstellung der Biologie menschlichen Verhaltens vor.
Aus dem Inhalt: Die ethologischen Grundkonzepte – Sozialverhalten – Das innerartliche Feindverhalten: Aggression und Krieg – Kommunikation – Die Entwicklung der zwischenmenschlichen Beziehungen – Der Mensch und sein Lebensraum: Ökologische Betrachtungen – Das Schöne und das Wahre – Das Gute: Der Beitrag der Biologie zur Wertlehre

Galápagos

Die Arche Noah im Pazifik
7., überarb. Neuauflage, 42. Tsd. 1984. 413 Seiten mit 239 farbigen und schwarzweißen Abb. Geb.

Grundriß der vergleichenden Verhaltensforschung – Ethologie

6., durchgesehene und erweiterte Aufl., 30. Tsd. 1980. 780 Seiten mit 374 Abb. und 8 farbigen Tafeln. Geb.

Krieg und Frieden

aus der Sicht der Verhaltensforschung
2., überarb. Aufl., 25. Tsd. 1984. 329 Seiten mit Abb. Serie Piper 329

Liebe und Haß

Zur Naturgeschichte elementarer Verhaltensweisen
12. Aufl., 87. Tsd. 1985. 293 Seiten. Serie Piper 113

Die Malediven

Paradies im Indischen Ozean.
2., überarb. Aufl., 8. Tsd. 1985. 324 Seiten mit 190 meist farbigen Abb. Geb.

PIPER

Bücher zur Verhaltensforschung

Bernhard Hassenstein
Instinkt Lernen Spielen Einsicht
Einführung in die Verhaltensbiologie
1980. 259 Seiten mit 33 Abb. Serie Piper 193

Bernhard Hassenstein
Verhaltensbiologie des Kindes
3. Aufl., 25. Tsd. 1980. 459 Seiten mit 29 Abb. Geb.

Bernhard Hassenstein/Helma Hassenstein
Was Kindern zusteht
2. Aufl., 14. Tsd. 1978. 188 Seiten. Serie Piper 169

Wolfgang Wickler
Die Biologie der Zehn Gebote
Warum die Natur für uns kein Vorbild ist
6. Aufl., 31. Tsd. 1985. 181 Seiten. Serie Piper 296

Wolfgang Wickler/Uta Seibt
männlich weiblich
Der große Unterschied und seine Folgen
2. Aufl., 9. Tsd. 1984. 182 Seiten. Serie Piper 285

Dieter E. Zimmer
Die Vernunft der Gefühle
Ursprung, Natur und Sinn der menschlichen Emotion
1981. 264 Seiten. Serie Piper 227

PIPER

Serie Piper aktuell

Michel Albert
Herausforderung Europa
Die Europäische Gemeinschaft als Chance
1985. 140 Seiten. Serie Piper 384

Franz Alt
Frieden ist möglich
Die Politik der Bergpredigt
21. Aufl., 819. Tsd. 1985. 119 Seiten. Serie Piper 284

Werner Becker
Der Streit um den Frieden
Gegnerschaft oder Feindschaft – die politische Schicksalsfrage
1984. 127 Seiten. Serie Piper 354

Klaus von Bismarck/Günter Gaus/Alexander Kluge/
Ferdinand Sieger
Industrialisierung des Bewußtseins
Eine kritische Auseinandersetzung mit den »neuen« Medien
1985. 227 Seiten. Serie Piper 473

Heinz Griesinger
Überrollt uns die Technik?
Wege zu ihrer Beherrschung
1985. 109 Seiten. Serie Piper 413

PIPER

Serie Piper aktuell

Hildegard Hamm-Brücher
Der Politiker und sein Gewissen
Eine Streitschrift für mehr Freiheit
1984. 123 Seiten. Serie Piper 265

Martin Jänicke
Vor uns die goldenen neunziger Jahre?
Langzeitprognosen auf dem Prüfstand
1985. 176 Seiten. Serie Piper 377

Marielouise Janssen-Jurreit
Lieben Sie Deutschland?
Gefühle zur Lage der Nation
1985. 320 Seiten. Serie Piper 368

Friedrich Kassebeer
Die Tränen der Hoffnung
Machtkampf in Mittelamerika
1984. 157 Seiten. Serie Piper 392

Martin Kriele
Nicaragua – das blutende Herz Amerikas
Ein Bericht
1985. 185 Seiten. Serie Piper 554

PIPER

Serie Piper aktuell

Christian Graf von Krockow
Gewalt für den Frieden
Die politische Kultur des Konflikts
3. Aufl., 29. Tsd. 1983. 122 Seiten.
Serie Piper 323

Thomas Kruchem
Brücken über die Apartheid
Gespräche im Südafrika des Ausnahmezustands
Mit Essays von Arnulf Baring und Walter Hättig, sowie einem Glossar von Robert von Lucius. 1986. 329 Seiten. Serie Piper 349

Roland Röhl
Natur als Waffe
Umwelt in der Planung der Militärstrategen
1985. 119 Seiten mit 12 Abbildungen. Serie Piper 445

Christian Schmidt-Häuer
Michail Gorbatschow
Moskau im Aufbruch
3. Aufl., 21. Tsd. 1985. 198 Seiten. Serie Piper 467

Hannes Schwenger
Im Jahr des Großen Bruders
Orwells deutsche Wirklichkeit
3. Aufl., 23. Tsd. 1984. 125 Seiten. Serie Piper 326

PIPER